U0337817

井工煤矿机电设备安装
检修管理标准

吴小忙　等　编著

中国矿业大学出版社

·徐州·

内 容 提 要

煤矿机电设备安装维修标准的制定与执行的合理化力度是保障生产服务质量、工程建设质量和劳动环境质量的技术支撑,也是提升各煤矿集团工程处机电设备管理创新能力的必由之路。本书依据工程实践,重点建立了各类设备安装、检修、故障处理的技术体系,规范相关技术要求,主要包括大中型设备的安装标准及规范、机电设备日常维修、保养及常见故障处理、煤矿电气设备防爆以及机电运输岗位工作人员操作规程等。

本书可供从事煤矿机电安装的相关工程技术人员、科研人员及高等院校相关专业的师生参考使用。

图书在版编目(CIP)数据

井工煤矿机电设备安装检修管理标准 / 吴小忙等编著

. —徐州:中国矿业大学出版社,2024.1

ISBN 978 - 7 - 5646 - 6150 - 2

Ⅰ. ①井… Ⅱ. ①吴… Ⅲ. ①煤矿—机电设备 Ⅳ.

①TD6

中国国家版本馆 CIP 数据核字(2024)第 020027 号

书　　名	井工煤矿机电设备安装检修管理标准
编 著 者	吴小忙　等
责任编辑	杨　洋
出版发行	中国矿业大学出版社有限责任公司
	(江苏省徐州市解放南路　邮编 221008)
营销热线	(0516)83885370　83884103
出版服务	(0516)83995789　83884920
网　　址	http://www.cumtp.com　E-mail:cumtpvip@cumtp.com
印　　刷	苏州市古得堡数码印刷有限公司
开　　本	787 mm×1092 mm　1/16　印张 11.5　字数 294 千字
版次印次	2024 年 1 月第 1 版　2024 年 1 月第 1 次印刷
定　　价	66.00 元

(图书出现印装质量问题,本社负责调换)

《井工煤矿机电设备安装检修管理标准》
撰写委员会

主　任　　吴小忙
副主任　　王成锋　　王宏斌　　王冲
委　员　　牛晓兵　　宁建红　　朱华明　　徐建方　　樊罡辉
　　　　　刘　振　　王　铅　　何红喜　　谢军辉　　孙松辉
　　　　　时大光　　王玉璞　　刘保硕　　李晓华　　冯董董
　　　　　岳振永　　张进亚　　毛瑞飞　　孙海涛　　朱帅锋
　　　　　耿　豪
校　核　　付　旻　　谢军娜　　吴慧洁

目　　录

第一章　总　　则

随着经济的发展,煤矿机械化、自动化、信息化和集成化是必然趋势,作为煤矿开掘工程的重要组成部分,矿井机电设备安装维修管理模式对煤矿开掘工作的正常运行有着十分深刻的影响。煤矿机电设备安装维修标准制定与执行的合理化力度,成为保障生产服务质量、工程建设质量和劳动环境质量的技术支撑,也是提升工程处机电设备管理创新能力的必由之路。

机电设备安装检修有其固有特征,但是其通用性也很强。其施工活动从设备采购开始,涉及安装、调试、生产运行、验收等阶段,直至满足使用功能或正常生产为止。安装质量直接关系到日后施工人员的生产作业效率及矿井安全生产和经济效益。机电设备安装检修管理标准,充分结合工程处生产实际,重点建立各类设备安装、检修、故障处理的技术体系,规范相关技术要求,进一步提升安全生产标准化管理水平。机电设备安装检修管理标准的推广与运用,能够为机电人员提供操作指南,提高机电设备现场安装检修技术水平,提升设备的运转效能,保证机电设备性能的稳定性,降低工作人员的作业强度,创造了安全的生产环境,实现作业的机械化、自动化和集成化,坚定不移地推动施工效率上一个新的台阶,为高产高效战略的落实提供可靠的技术保障。

第二章　大中型设备的安装标准及规范

第一节　钢结构井架安装工程

1　一般规定

1.1　本章适用于型钢结构及焊接的箱形结构的井架安装工程的质量检验评定。

2　井架制作

2.1　保证项目

2.1.1　钢材的型号、规格和质量,必须符合设计要求。

2.2　允许偏差项目

2.2.1　构件制作的允许偏差和检验方法应符合表2-1至表2-3的规定。

表 2-1　钢材的允许偏差和检验方法

项次	项目		允许偏差	检验方法
1	钢板、扁钢的平面度	≤14 mm	1.0 mm	用1 m直尺检查
		>14 mm	1.5 mm	
2	角钢、槽钢、工字钢的直线度		1/1 000且不大于5 mm	拉线和尺量检查
3	角钢肢的垂直度		1/100	直角尺和钢尺检查
4	槽钢、工字钢翼缘的倾斜度		1/80	

检查数量:按各种钢构件件数各抽查10%,但不得少于3件。

表 2-2　钢板焊接构件的允许偏差和检验方法

项次	项目	允许偏差	检验方法
1	构件截面几何尺寸/mm	±3	尺量检查
2	构件长度/mm	±3	
3	构件的直线度	1/1 000且不大于5 mm	拉线和尺量检查
4	构件的扭曲/mm	5	拉线、吊线和尺量检查
5	构件端面垂直度	1/1 000	用角尺和钢尺检查

检查数量:按各种构件各抽查10%,但不得少于3件。

表 2-3 钢平台和钢梯制作的允许偏差和检验方法

项次	项目	允许偏差	检验方法
1	平台的长度和宽度/mm	±4	尺量检查
2	平台对角线相互差/mm	6	
3	平台表面的平面度	3/1 000	用 1 m 直尺检查
4	梯子长度/mm	±5	尺量检查
5	梯子宽度/mm	±3	
6	梯子纵向的直线度	1/1 000	拉线和尺量检查
7	梯子踏步间距/mm	±5	尺量检查

检查数量:各抽查 2 件。

2.2.2 高强度螺栓的型号、规格、技术条件及精制螺栓、高强度螺栓连接井架的构件制孔和孔距的质量标准和检验方法应符合标准规定。

检查数量:按节点数抽查 10%,但不得少于 3 个节点。

3 铆接和焊接

3.1 保证项目

3.1.1 井架铆接必须符合标准规定。

检查数量:按节点数抽查 10%,但不得少于 1 个节点。

3.1.2 井架的焊接与试验,必须符合标准规定。

检查数量:按各种焊缝数量各抽查 5%,但不得少于 1 条。

4 井架组装

4.1 保证项目

4.1.1 型钢制作的井架,出厂前应进行构件预组装,各构件应标记结成号,运输、堆放和吊装造成的构件变形,现场组装时必须矫正。

检验方法:拉线和尺量检查。

4.2 允许偏差项目

4.2.1 井架组装的允许偏差和检验方法应符合表 2-4 的规定。

表 2-4 井架组装的允许偏差和检验方法　　　　　　　　　　　　　　　单位:mm

项次	项目		允许偏差	检验方法
1	躯体组装	躯体四面桁架宽度	±3	在底脚和节点处尺量检查
		躯体每侧对角线相互差	6	尺量检查
		躯体横断面对角线相互差	4	在节点处尺量检查
		躯体组装后的直线度	5	拉线和尺量检查
		躯体总高度	±7	尺量检查

表 2-4(续)

项次	项目			允许偏差	检验方法
2	斜撑架组装	多节斜柱的总长度		±7	尺量检查
		多节斜柱的直线度		8	拉线和尺量检查
		多节斜柱的柱身扭曲	接口处	5	拉线、吊线和尺量检查
			其他处	8	
		多节斜柱接口处十字中心的错动		2	尺量检查
		斜撑架组装后的直线度	一般型钢井架	5	拉线和尺量检查
			箱型井架	10	
		斜撑架组装后对角线相互差		6	尺量检查
		斜撑架宽度差		±10	
		斜柱与横梁接口处十字中心的错动		2	
3	井口板梁对角线相互差			4	尺量检查
4	卸载曲轨内侧各点至中心线距离			+3 −1	

检查数量:各抽查 3 项,仅有 1 项时全数检查。

5 井架安装

5.1 保证项目

5.1.1 井口板梁十字中心线与提升十字中心线的重合度严禁超过 1 mm。

检验方法:用经纬仪测量检查。

5.1.2 井口板梁四角平面相对高低偏差严禁超过 1 mm。

检验方法:用水准仪测量检查。

5.1.3 井架躯体底脚、天轮平台平面十字中心线与设计位置的偏差,必须符合下列规定。

5.1.3.1 普通型钢井架:

(1) 躯体底脚:±1 mm。

(2) 天轮平台:不应大于井架高度的 0.5/1 000,但最大不应超过 15 mm。

5.1.3.2 箱形(单侧斜撑式)井架:

(1) 躯体底脚:±1 mm。

(2) 天轮平台:横向±7 mm,纵向±15 mm。井架允许前倾位移数值应符合设计规定。

5.1.3.3 箱形(双侧斜撑式)井架:

(1) 躯体底脚:±1 mm。

(2) 天轮平台:±7 mm。

检验方法:用经纬仪测量检查。

5.1.4 卸载曲轨安装必须符合下列规定:

(1) 卸载曲轨中心线至罐道中心线的距离偏差为±3 mm;

（2）卸载曲轨槽底至提升中心线在下部端头及弯曲处的距离偏差±3 mm。

检验方法：吊线和尺量检查。

5.1.5　井架梯子平台、梯子、防护栏杆的安装必须固定牢靠且符合设计要求。

检验方法：对照施工图纸检查和用扳手、小锤检查。

5.1.6　连接井架的精制螺栓、高强度螺栓的质量标准和检验方法，必须符合标准的有关规定。

检查数量：按各种螺栓总数各抽查 10%，但不得少于 5 个。

5.1.7　箱形井架斜架与躯体连接的铰支座，必须固定牢靠，接触严密。如需调整铰支座高度时，可采取加垫板或机加工去薄方法进行调整，但铰支座加垫板厚度不得小于 10 mm，去薄后垫板厚度不得低于原设计值的 75%。

检验方法：尺量检查。

5.2　基本项目

5.2.1　卸载曲轨或开闭器的标高偏差，应符合下列规定：

合格：±10 mm。

优良：±5 mm。

检验方法：以井口板梁面为基准，在弯曲起点处用钢尺检查。

5.2.2　同一提升容器两个卸载曲轨对应点相对高低偏差，应符合下列规定：

合格：3 mm。

优良：1.5 mm。

检验方法：拉线和尺量检查。

5.2.3　斜撑架与躯体接口处的连接螺栓，应符合下列规定：

合格：紧固可靠，螺栓露出螺母 2~4 个螺距。

优良：紧固牢靠，螺栓穿向及露出螺母长度一致。

检验方法：观察和用小锤轻击检查。

5.3　允许偏差项目

5.3.1　井架安装的允许偏差和检验方法应符合表 2-5 的规定。

表 2-5　井架安装的允许偏差和检验方法　　　　　　　　　单位：mm

项次	项目	允许偏差	检验方法
1	井口板梁标高	±5	用水准仪测量
2	斜撑架两底脚中心线与井架中心线的重合度	30	用经纬仪测量

6　垫铁、基础螺栓、二次灌浆及防腐蚀

井架安装的垫铁、基础螺栓和二次灌浆必须符合标准规定。

6.1　保证项目

6.1.1　井架的防腐蚀必须符合设计规定。

检验方法：观察检查。

7 天轮安装

7.1 保证项目

7.1.1 天轮安装位置与提升十字中心线位置的偏差严禁超过 3 mm。

检验方法:用经纬仪测量检查。

7.1.2 天轮轴的轴心线水平度严禁超过 0.2/1 000。

检验方法:用精密水平尺检查。

7.1.3 滑动轴承与滚动轴承的装配,必须符合标准规定。

7.1.4 轴承座安装必须接触严密且固定牢靠。

检验方法:用扳手检查。

7.2 基本项目

7.2.1 天轮绳槽中心摆动偏差应符合下列规定:

合格:整体浇筑天轮不应大于 4 mm。

组装天轮不应大于 6 mm。

优良:整体浇筑天轮不应大于 2 mm。

组装天轮不应大于 3 mm。

检验方法:尺量检查。

7.2.2 轴承座的楔铁安装应符合下列规定:

合格:接触紧密、固定牢靠、楔铁的防松处理符合设计要求,如设计无要求时可将楔铁点焊牢固。

优良:在合格的基础上楔铁两侧露出轴承 30～40 mm,且尺寸一致。

检验方法:用小锤轻击和尺量检查。

8 试运转

8.1 保证项目

8.1.1 天轮轴承的润滑情况必须良好,轴承温度必须符合下列规定:

滑动轴承温度不应超过 70 ℃。

滚动轴承温度不应超过 80 ℃。

检验方法:用温度计检查。

8.1.2 箕斗闸门进入卸载曲轨或开闭器,必须能正常开启与关闭,无卡阻现象。

检验方法:观察检查。

第二节　缠绕式提升机及矿用提升绞车安装工程

1 垫铁、基础螺栓安装及二次灌浆

1.1 缠绕式提升机及矿用提升绞车在安装主轴、减速器、电动机、制动闸时,机座下的垫铁、基础螺栓安装及二次灌浆应符合标准规定。

2 主轴安装

2.1 保证项目

2.1.1　主轴轴颈与滑动轴承下瓦接触以及与顶瓦间隙必须符合标准规定。

2.1.2　主轴装上卷筒后的水平度必须符合下列规定：

（1）滚筒直径为 2 m 及以上的提升机不超过 0.1/1 000；

（2）滚筒直径为 2 m 以下的矿用提升绞车不超过 0.2/1 000。

检验方法：用水准仪在轴头上测量。

2.1.3　轴承座与底座必须紧密接触，其间严禁加垫片。

检验方法：用塞尺检查。

2.1.4　轴瓦与轴承座必须接触良好，轻敲轴瓦时轴瓦能转动。

检验方法：轻敲轴瓦检查。

2.2　允许偏差项目

2.2.1　主轴及主轴承安装的允许偏差和检验方法应符合表 2-6 的规定。

表 2-6　主轴及主轴承安装的允许偏差和检验方法

项次	项目	允许偏差	检验方法
1	主轴轴心线在水平面内的位置偏差	$10/2~000L$	检查施工记录或尺量检验
2	主轴轴心标高/mm	± 50	
3	提升中心线的位置/mm	5	
4	主轴轴心线与提升中心线的垂直度	0.15/1 000	检查施工记录或者采用框式水平仪检验
5	轴承座沿主轴方向的水平度	0.1/1 000	
6	轴承座垂直于主轴方向的水平度	0.15/1 000	

注：L 为主轴轴心线与井筒中心线或天轮轴心线之间的水平距离。

3　滚筒组装

3.1　保证项目

3.1.1　组装滚筒时，连接螺栓必须均匀拧紧，并符合标准的规定。

3.1.2　对开滚筒和制动盘焊接时，焊条牌号和焊缝接头的形式必须符合设备技术文件规定。

检验方法：检查施工记录。

3.1.3　轮毂组装时，轮毂与大轴必须贴紧，两个半轮毂的接合面处应对齐和接触紧密，并严禁加垫。

检验方法：用塞尺检查和观察检查。

3.1.4　切向键与键槽的配合必须紧密，工作面的接触面积不应小于总面积的 60％；挡板与键靠紧，严禁有间隙。

检验方法：检查施工记录。

3.1.5　盘式制动器制动盘的端面跳动严禁超过 0.5 mm；瓦块式制动器制动轮的径向跳动必须符合表 2-7 的规定。

表 2-7　瓦块式制动器制动轮径向跳动　　　　　　　　　　单位:mm

制动轮直径	径向跳动	制动轮直径	径向跳动
<2 000	0.6	>3 000~4 000	0.9
≥2 000~2 500	0.7	>4 000	1.0
>2 500~3 000	0.8		

检验方法:用百分表测量。

3.2　基本项目

3.2.1　筒壳与轮毂安装应符合下列规定:

合格:螺栓连接处应接触均匀,不应有间隙,其余接合面间隙不应大于 0.5 mm。

优良:在合格的基础上螺栓受力均匀,穿向一致,螺栓露出螺母长度一致。

检验方法:观察检查和用 0.25 kg 的手锤敲击检查。

3.2.2　调绳装置应符合下列规定:

合格:(1) 齿轮啮合良好;

(2) 气缸或油缸的缸底与活塞之间的间隙不应小于 5 mm;

(3) 采用手动调绳装置时,离合器和转动部分应灵活,蜗轮和蜗杆的固定圈和键应装配牢固,不应有松动现象。

优良:在合格的基础上动作灵活可靠,润滑良好。

检验方法:操作检查。

3.2.3　游动滚筒在离合器脱开位置应符合下列规定:

合格:无阻滞现象,润滑良好。

优良:在合格的基础上转动灵活。

检验方法:盘动滚筒检查。

3.2.4　对开滚筒和制动盘现场焊接时,其焊缝应符合下列规定:

合格:焊缝不得有任何裂缝、未熔合、未焊透等缺陷。

优良:在合格的基础上焊缝应饱满,焊波均匀。

检验方法:观察检查。

3.2.5　制动盘与制动轮的表面粗糙度应符合下列规定:

合格:表面粗糙度不应低于 3.2 μm。

优良:在合格的基础上光滑均匀,无明显走刀痕迹。

检验方法:观察检查。

3.2.6　滚筒上的衬木应选用干燥的硬木,安装应符合下列规定:

合格:衬木与滚筒接触紧密,衬木间接触密实、牢靠,固定衬木的螺栓孔应用同质木塞堵住并胶牢。

优良:在合格的基础上排列整齐,衬木与衬木交界处无明显棱角。

检验方法:用手锤敲击听音和观察检查。

3.2.7　滚筒的出绳孔应符合下列规定:

合格:不应有棱角和毛刺。

优良:在合格的基础上表面光滑。

检验方法:观察检查。

3.3　允许偏差项目

3.3.1　衬木车削应符合下列规定:

(1)绳槽深度为(0.2~0.3)d。

检验方法:用样板检查。

(2)两绳槽中心距为$d+(2~3)$ mm。

(3)车削后的两滚筒直径(双筒)的允许偏差为2 mm。

检验方法:检查施工记录。

注:d为所用钢丝绳直径。

4　传动系统安装

4.1　保证项目

4.1.1　减速器安装必须符合标准规定。

4.1.2　减速器输出轴的水平度严禁超过0.15/1 000,其余各轴以齿轮啮合为准。

检验方法:用框式水平仪在大轴轴头上检查或检查施工记录。

4.2　允许偏差项目

4.2.1　减速器联轴器安装的允许偏差及检验方法应符合表2-8的规定。

表 2-8　联轴器安装的允许偏差及检验方法

项次	项目			允许偏差	检验方法
1	齿轮 联轴节	提升机两轴同轴度(2 m及 以上)	径向位移/mm	0.15	检查施工记录
2			倾斜	0.6/1 000	
3		矿用提升绞车两轴同轴度 (2 m以下)	径向位移/mm	0.30	
4			倾斜	1/1 000	
5	蛇形弹簧 联轴节	提升机两轴同轴度(2 m及 以上)	径向位移/mm	0.10	
6			倾斜	0.8/1 000	
7		矿用提升绞车两轴同轴度 (2 m以下)	径向位移/mm	0.20	
8			倾斜	1/1 000	

5　制动系统安装

本节的规定主要适用于瓦块式制动器安装工程的质量检验评定。盘式制动器安装的质量检验评定应符合规定。

5.1　保证项目

5.1.1　制动器各销轴在装配前必须清洗干净,油孔应畅通,装配后应转动灵活,无阻滞现象。

检验方法:检查施工记录。

5.1.2　制动缸安装必须符合下列规定:

(1)安全缸、工作缸缸体均匀垂直,重锤与基础两侧碰撞卡阻现象;

（2）活塞与缸底间隙及活塞行程应符合设备技术文件的要求。

检验方法：检查施工记录。

5.1.3 组装制动器的传动装置，必须符合下列规定：

（1）传动装置的杠杆中心线与制动拉杆中心线的重合度不应超过 0.5 mm；

（2）各滑阀或活塞应移动灵活，不应有阻滞现象。

检验方法：检查施工记录。

5.1.4 同一制动轮两闸瓦中心平面的重合度严禁超过 2 mm；各闸瓦中心平面与制动轮工作面宽度中心平面的重合度 f 严禁超过 2 mm[图 2-1（d）]。

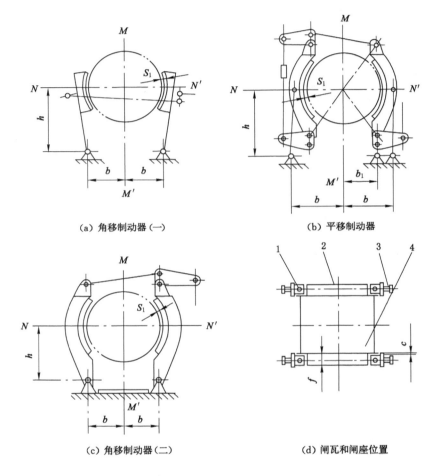

（a）角移制动器（一）　（b）平移制动器

（c）角移制动器（二）　（d）闸瓦和闸座位置

1—闸瓦；2—制动轮；3—制动梁；4—卷筒。

图 2-1　瓦块式制动器

检验方法：检查施工记录。

5.1.5 闸瓦必须固定牢固，制动梁与挡绳板不应相碰，其间隙 c 不得小于 5 mm[图 2-1（d）]。

检验方法：尺量检查。

5.1.6 安设闸座必须符合下列规定：

（1）闸座各销轴轴心线与主轴轴心线铅垂面 MM' 间的水平距离 b 和 b_1 的偏差不应超过 1 mm［图 2-1(a)、图 2-1(b)、图 2-1(c)］；

（2）闸座各销轴轴心线与主轴轴心线水平面 NN' 间的垂直距离 h 的偏差不应超过 ±1 mm［图 2-1(a)、图 2-1(b)、图 2-1(c)］。

检验方法：吊线实量检查或检查施工记录。

5.2　基本项目

5.2.1　闸瓦工作时应符合下列规定：

合格：闸瓦工作时，沿闸轮应接触均匀；松开闸瓦时，平移式制动器的闸瓦间隙 s 应均匀，且不得大于 2 mm［图 2-1(b)］；角移式制动器的闸瓦最大间隙 s_1 不得大于 2.5 mm［图 2-1(a)、图 2-1(c)］。

优良：在合格的基础上两侧闸瓦间隙之差不大于 0.5 mm。

检验方法：用塞尺检查或检查施工记录。

6　液压站安装

6.1　液压站安装的质量检验评定应符合标准规定。

7　辅助装置安装

7.1　辅助装置安装，包括深度指示器、润滑油泵、油管、风泵、风管、速度控制装置等。辅助装置安装工程的质量检验评定应符合标准规定。

7.2　倾斜巷道提升时，深度指示器指针行程应符合下列规定：

合格：指示器行程不应小于全行程的 1/2。

优良：在合格的基础上指示明显、美观。

检验方法：观察检查。

8　试运转

8.1　保证项目

8.1.1　提升机和矿用提升绞车安装完成后，必须进行调试和试运转（包括无负荷运转和负荷运转），调试和试运转必须符合设备技术文件和《机械设备安装工程施工和验收规范》的规定。

检验方法：检查试运转记录或操作运转检查。

8.1.2　制动力矩调试必须符合下列规定：

（1）立井和倾斜巷道提升制动力矩与最大静力矩的倍数必须符合表 2-9 的规定；

表 2-9　提升制动力矩与最大静力矩关系参数

倾　角/(°)	5～15	20	25	30～90
制动力矩的最小倍数	1.8	2.0	2.6	3.0

（2）凿井提升和下放物料时的制动力矩严禁小于最大静力矩的 2 倍；

（3）双滚筒提升机调绳或更换水平时，制动盘或制动轮上的制动力矩严禁小于容器和钢丝绳重力之和产生的最大力矩的 1.2 倍。

检验方法:检查调试记录。

8.1.3 调试瓦块式制动系统必须符合下列规定:

(1) 油压和风压达到额定压力后在 10 min 内的压力降不超过 0.02 MPa;

(2) 工作制动和安全制动手把操作灵活、正确、可靠;

(3) 制动时,闸瓦与制动轮接触良好、平稳,各闸瓦的接触面积不小于制动闸的接触面积的 60%;

(4) 制动时,滚筒上的两副制动器必须同时起作用;

(5) 油压和风压高于额定压力 0.1 MPa 时,保护系统的安全阀必须起作用;

(6) 调压器、信号和警笛装置动作正确、可靠。

检验方法:检查调试记录。

8.1.4 调试盘式制动器应符合标准规定。

检验方法:检查调试记录。

8.1.5 调试调绳装置必须符合下列规定:

(1) 用弹簧复位的调绳离合器,各弹簧受力均匀;

(2) 连锁或闭塞装置灵活可靠;

(3) 调绳离合器在不同位置上的动作灵活;

(4) 离合器的三个气缸或油缸动作一致,不漏气或不漏油;

(5) 调绳装置的离合器能全部合上,其齿轮的啮合良好。

检验方法:操作检查。

8.1.6 提升机和矿用提升绞车的无负荷运转和负荷试运转除必须符合标准规定外,还必须符合下列要求:

(1) 其他规定的紧急制动时间必须符合下列规定:

① 压缩空气驱动的瓦块式制动器不得超过 0.5 s;

② 储能液压驱动的瓦块式制动器不得超过 0.6 s;

③ 盘式制动器不得超过 0.3 s。

(2) 其他规定的制动器安全制动的减速度必须符合下列规定:

① 在立井和大于 30°的倾斜巷道中,下放重物时的减速度不小于 1.5 m/s²;

② 在立井和倾斜巷道中,提升重物时的减速度必须符合表 2-10 的规定。

表 2-10 提升重物减速度

倾角/(°)	5~15	20	25	30~90
减速度/(m/s²)	≤3.0	≤3.4	≤4.2	≤5.0

检验方法:检查试运转记录或操作运转检查。

8.1.7 试运转合格后必须全部更换新油。

检验方法:检查施工记录。

8.2 基本项目

8.2.1 试运转合格后,提升机主机及其附属装置设备清洁,油漆完整,其检验方法及管路涂漆的要求应符合标准规定。

第三节 螺杆式压风机安装工程

1 压缩机房

1.1 基础

基础必须是水平且平坦的工业用地板,应能承受机器重量。

螺杆压缩机应垫高 150 mm(图 2-2),以便于连接各进出口管路。

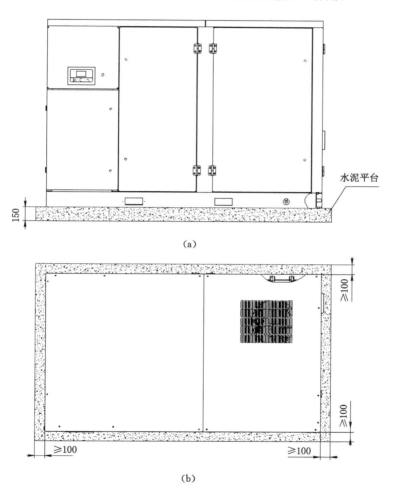

(a)

(b)

图 2-2 压风机基础图

1.2 通风

当机器运行时,机房内温度应保证在 1～45 ℃范围内。

机房空间:水冷机布置参考图 2-3;风冷机布置参考图 2-4。

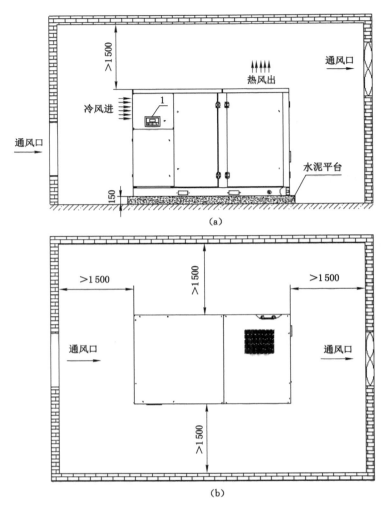

图 2-3 水冷机布置图

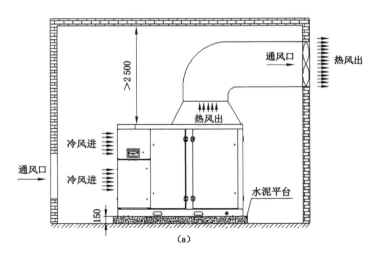

图 2-4 风冷机布置图

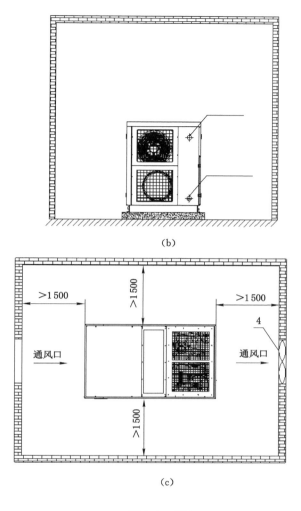

图 2-4　（续）

　　风冷型机房必须有两个通风口,通风口面积见表 2-11,第一个通风口在高处,用于排出热空气;第二个通风口在低处,用于吸入外部冷空气,如果环境灰尘较大,建议安装过滤板。

　　风冷机型排出的热空气应用导管排出,导管的出口风道压降不大于 3 mm 水柱,否则会影响冷却器的冷却效果,可以通过装排风扇降低风道压降。导管截面积面参考表 2-11中的数值。

表 2-11　导管截面参考表

压缩机功率/kW	冷却风量[a]/(m³/h)	通风口面积[b]/m²	导管截面面积/m²
132	23 000	>1.5	>1.5
160	27 000	>1.5	>1.5
180	27 000	>1.5	>1.5

表 2-11(续)

压缩机功率/kW	冷却风量[a]/(m³/h)	通风口面积[b]/m²	导管截面面积/m²
200	45 000	＞2.5	＞2.5
250	45 000	＞2.5	＞2.5
250＋	47 000	＞2.6	＞2.6
280	47 000	＞2.6	＞2.6
315	52 000	＞2.9	＞2.9
355	52 000	＞2.9	＞2.9

注:[a]风冷机型因装有热空气导管,其通风量为风机提供的机组冷却风量。

　　[b]通风口面积应不小于机组的冷却风进风面积。

2 安装

2.1 水冷机型室内安装如图 2-3 所示。

2.2 风冷机型室内安装如图 2-4 所示。

3 说明

在适于承载其重力的水平地面上安装压缩机。

压缩机顶部和天花板之间的最小距离建议为 1.5 m(59.06 英寸,1 米＝39.37 英寸),以便于通风和起吊。

配管时,所有管子和管接头应该满足额定压力,应尽量减少使用弯头及各类阀组,以减少压力损失。

输送管的压降可通过以下公式计算:

$$\Delta p=(L\times450\times Q_c^{1.85})/(d^5\cdot P)$$

式中　Δp——压降(建议最大值为 0.1 bar,1 bar＝0.1 MPa);

　　　L——输送管长度,m;

　　　d——输送管内径,mm;

　　　P——压缩机出口处的绝对压力,bar;

　　　Q_c——压缩机排气量,L/s。

安装进口栅格和通风风扇时应避免冷却空气再循环进入压缩机。

进入栅格的空气速度应当限用为 5 m/s。

有关压缩机限用的信息,请参阅限用部分。

可通过以下公式计算得出用以限用压缩机房温度的必需通风量:

水冷机型:

$$Q_v=0.1N/\Delta T$$

式中　Q_v——必需通风量,m³/s;

　　　N——压缩机的轴功率,kW;

　　　ΔT——超出环境温度的温度升高,℃。

风冷机型因装有热空气导管,其通风量为风机提供的机组冷却风量。

排污管不得浸在收集器的水中,以便观察冷凝水流量。

检查电气连接是否符合当地规范。安装必须接地,并在每相中安装保险丝以防短路。必须在压缩机附近安装隔离开关。

对水冷机组,冷却水供水压力应为 0.2～0.6 MPa,进出口均应装阀门(图 2-5),建议在进水口配备一个过滤网,以便过滤粒径大于 0.1 mm 的颗粒,供水量应不低于:

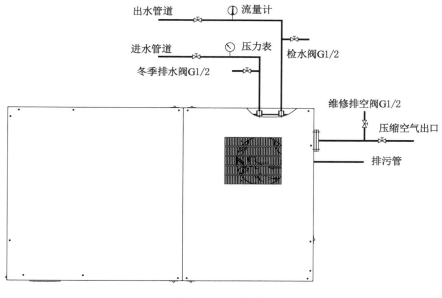

图 2-5　水冷机组

用质量符合规定的直流供水,供水量等于参数表中规定的水量。

用循环水时,供水量＝24×参数表中规定的水量/冷却塔温差。

如果冷却水质量达不到规定要求,应加大供水量,使排水温度不超过 50 ℃,供水量＝24×参数表中规定的水量/进出水温差。

第四节　水泵安装工程

1　一般规定

1.1　本节适用于离心式水泵、深井泵、矿用潜水电泵及其附属设备机械安装工程的质量检验评定。

2　垫铁、基础螺栓安装及二次灌浆

2.1　保证项目

2.1.1　泵体和主电动机下安装的垫铁规格必须符合下列规定:

(1) 200 kW 及以上的水泵应符合表 2-12 中"二类"规定;

表 2-12　斜垫铁、平垫铁规格表

类别	斜垫铁						平垫铁				粗糙度
	代号	L	b	c	斜度	材料	代号	L	b	材料	
一	斜1	110	50	3	1∶15	普通碳素钢	平1	100	60	铸铁或普通碳素钢	2.5 μm
二	斜2	140	65	4	1∶15		平2	130	75		12.5 μm
三	斜3	160	80	4	1∶25		平3	150	90		6.3 μm
四	斜4	≥190	90	5	1∶25		平4	≥180	100		6.3 μm

（2）200 kW 以下的水泵应符合表 2-12 中"一类"的规定。

检验方法：工程隐蔽前观察检查并做好隐蔽工程记录；竣工或中间验收时检查隐蔽工程记录。

2.1.2　泵体和主电动机下的垫铁在基础上必须垫稳、垫实。

检验方法：工程隐蔽前用 0.2 kg 手锤敲击检查并做好隐蔽工程记录；竣工或中间验收时检查隐蔽工程记录。

2.1.3　基础螺栓的材质、规格和数量必须符合设计或出厂技术文件的规定。

检验方法：对照技术文件检查。

2.1.4　泵体和主电动机的二次灌浆必须符合二次灌浆要求。

（1）设备安装前，混凝土基础二次灌浆处应剁成麻面，放置在垫铁部位，垫铁与基础面应接触良好，并在灌浆前用水冲洗干净。

（2）灌浆时必须捣固密实，基础螺栓严禁歪斜。

（3）二次灌浆所用砂浆或混凝土的强度等级应比基础的混凝土强度等级高一级。

2.2　基本项目

2.2.1　泵体和主电动机下垫铁组的位置应符合以下标准规定。

合格：

（1）除机座下有指定的垫铁位置外，轴承下及基础螺栓两侧应设置垫铁，如条件限制，可在一侧设置；

（2）垫铁组在能放稳和不影响灌浆的情况下，宜靠近基础螺栓；

（3）相邻两垫铁组间的距离宜为 500～1 000 mm。

优良：在合格的基础上，相邻两垫铁组的间距为 600～800 mm。

检验方法：工程隐蔽前观察检查并做好隐蔽工程记录；竣工或中间验收时检查隐蔽工程记录。

2.2.2　泵体和主电动机找正后同组垫铁应符合以下标准规定。

合格：各垫铁之间断续焊接牢固（铸铁垫铁可不焊）。

优良：在合格的基础上，每段焊接长度不小于 20 mm，焊接间距不大于 40 mm。

检验方法：工程隐蔽前观察检查并做好隐蔽工程记录；竣工或中间验收时检查隐蔽工程记录。

2.2.3　泵体和主电动机的基础螺栓安装应符合工程安装标准规定。

2.3　允许偏差项目

2.3.1　泵体和主电动机垫铁安装的允许偏差和检验方法应符合表 2-13 的标准规定。

表 2-13　垫铁安装允许偏差和检验方法

项次	项目	允许偏差	检验方法
1	每组垫铁层数为 3 层	＋1 层 －2 层	检查隐蔽工程记录
2	垫铁总高度不少于 60 mm	－10 mm	
3	平垫铁露出设备底座底面边缘 10～30 mm	±5 mm	
4	斜垫铁露出设备底座底面边缘 10～50 mm	±5 mm	

3　离心泵安装

3.1　保证项目

3.1.1　泵轴的窜量必须符合设备技术文件的规定。

检验方法:拨动联轴器用钢尺检查。

3.1.2　联轴器的安装必须符合煤矿工程安装标准"联轴器装配"的规定。

3.1.3　泵轴向水平度必须符合下列规定:

(1) 40 kW 及其以上的泵不超过 0.5/1 000;

(2) 40 kW 以下的泵不超过 1/1 000。

检验方法:在轴颈、机座加工面或法兰盘上用水平仪测量。

3.2　基本项目

泵与电机连接应符合下列规定:

合格:连接可靠,盘动无明显阻滞,无异常声音。

优良:在合格的基础上盘车灵活。

检验方法:实际操作检查。

3.3　允许偏差项目

泵体安装的允许偏差及检验方法应符合表 2-14 的规定。

表 2-14　泵体安装的允许偏差及检验方法

项次	项目	允许偏差/mm	检验方法
1	叶轮出口中心线与涡轮中心线	1	具有出厂合格证,无疑问时可不检查本项。如经过调整,竣工后检查施工记录
2	多级泵在平衡盘靠紧的情况下叶轮出口的位置	在导翼进口宽度内	
3	泵体位置	10	吊线尺量检查

表 2-14(续)

项次	项目	允许偏差/mm	检验方法
4	泵体标高	±10	水平仪检查
5	多台泵体位置相互差(注)	15	吊线尺量检查
6	多台泵体标高相互差	20	水平仪检查

注:泵体安装偏差是指机头成一条线时的偏差。

4　试运转

4.1　保证项目

4.1.1　试运转时间必须符合下列规定:

(1)主排水泵 8 h;

(2)其他水泵 4 h。

检验方法:检查试运转记录。

4.1.2　泵的压力等性能指标必须达到设备技术文件的规定。

检验方法:操作检查或检查试运转记录。

4.1.3　泵在设计负荷下连续运转 2 h 后必须符合下列规定:

(1)滑动轴承温度不高于 70 ℃;

(2)滚动轴承温度不高于 80 ℃;

(3)特殊轴承温度必须符合设备技术文件的规定;

(4)各紧固连接部位无松动;

(5)运转中无异常声音;

(6)各静密封部位不泄漏;

(7)填料的温度升高正常,平衡盘出水温度不过热;

(8)泵的安全保护装置灵敏、可靠;

(9)附属系统运转正常;

(10)电动机的电流不得超过额定值。

检验方法:检查试运转记录。

4.2　允许偏差项目

4.2.1　填料温度正常,在无特殊要求的情况下,填料的泄漏量应符合表 2-15 的规定。

表 2-15　填料允许泄漏量

项次	项目	允许泄漏量	检验方法
1	普通软填料	10~20 滴/min	观察检测
2	机械密封	≤3 滴/min 或者≤10 mL/h	观察检测

4.2.2　泵的径向振动应符合设备技术文件的规定。当无规定时,振幅的允许值及检

验方法应符合表 2-16 的规定。

表 2-16 泵径向振幅允许值及检验方法

转速 n /(r/min)	≤375	>375~ 600	>600~ 750	>750~ 1 000	>1 000~ 1 500	>1 500~ 3 000	>3 000~ 6 000	>6 000~ 12 000	>12 000
振幅/mm	0.18	0.15	0.12	0.10	0.08	0.06	0.04	0.03	0.02
检验方法	使用手提式振动仪在轴承座或机壳外测量								

第三章 机电设备日常维修、保养及常见故障处理

第一节 矿用开关

1 矿用隔爆型真空低压馈电开关系列

KBZ-400/1140(660)矿用隔爆型真空馈电开关适用于具有爆炸性危险气体和煤尘的矿井,可用在交流 50 Hz、电压 1 140 V 和 660 V 中性点不接地供电系统中(图 3-1)。

1.1 型号及其意义

型号及其意义:K——馈电开关;B——隔爆型;Z——真空式;"400"——额定电流,A;"660(1140)"——额定电压,V。

1.2 结构特征

馈电开关的隔爆外壳呈方形,安装在底座上。隔爆外壳分为上、下两个空腔,即接线腔与主腔。

接线腔在主腔的上方,集中了全部主回路与控制回路(远方分励、高压闭锁、风电闭锁)的进出线喇叭口,接线腔前面有 3 只控制回路进出线喇叭口。

主腔由主腔壳体与前门组装而成。开关前门关闭时,前门与壳体由上、下扣块与左、右齿条扣住。开关前门打开时,前门支承在壳体左侧的铰链上。

指示灯说明:

PWR(绿色):电源指示灯;RUN(绿色):运行指示灯;OVE(黄色):过载预警指示灯;FLT(红色):故障指示灯。

① 接通电源后,电源指示绿灯 PWR 亮。

② 断路器闭合时,运行指示绿灯 RUN 亮。

③ 当系统过载时,过载预警指示黄灯 OVE 每秒闪亮一次,同时显示停机倒计时。

④ 当系统出现故障时,指示红灯 FLT 常亮,直至手动复位(绝缘闭锁故障解除时自动复位)。

1.3 工作原理

电源变压器具有 12 V、36 V、50 V、127 V 和 220 V 五组独立绕组(12 V 绕组提供综合控制器电源,36 V 绕组提供 HZ、LD、BH 继电器工作用电源,50 V 绕组提供断路器失压分励线包闭锁继电器用电源、127 V 绕组提供断路器合闸电源及控制板电源、220 V 绕组提供保护器用电源)。

中间继电器 HZ 控制断路器吸合,HZ 吸合 DK 接通,HZ 释放 DK 机械保持。控制

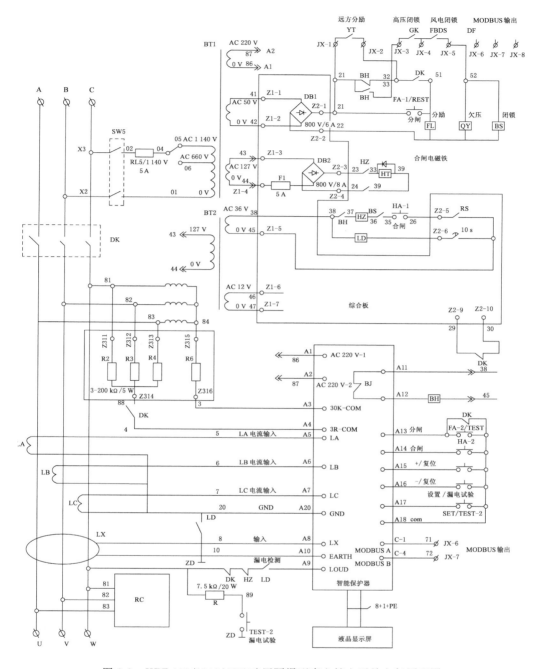

图 3-1 KBZ-400/1140(660)矿用隔爆型真空馈电开关电气原理图

板提供的 10 s 接点为切断绝缘检测回路用,二者配合时间为:按下合闸按钮,10 s 接点立即释放,LD 断电,绝缘检测回路断开,按下分闸按钮,断路器分闸,DK 接点闭合 10 s 后,10 s 接点吸合,接通绝缘监测回路。控制板还提供 RS 延时接点输出,RS 的作用是为避免未经漏电监测及合闸现象的发生,分闸 10 s 后,漏电检测 LD 吸合,LD 吸合 1 s 后 RS 闭合,接通合闸回路,此时漏电检测必定检测完毕。如检测到绝缘电阻过低,则 BH(37、38)断开合闸回路,拒绝合闸操作。电流互感器 LH1、LH2、LH3 检测到的电流信号送到保护器进行判断比较,分析是否发生短路或过载。若发生故障,除按预定程序进行处理外,还将该时刻的电压、电流数据保存记忆。

断路器信号输入/输出:

① 外部闭锁输入:JX2-3、JX2-4 正常运行时两接线应闭合。

② 远端分励输入:JX2-5、JX2-6 正常运行时两接线应断开。

③ 辅助接地:DF。

1.4 常见故障及处理措施(表 3-1)

表 3-1 矿用隔爆型真空地压馈电开关常见故障及处理措施

故障现象	原因分析	处理措施
合闸不动作	1. 控制线路接线有误	正确接线
	2. 线圈或保险烧坏	更新线圈或保险
	3. 合闸回路故障	检查维修合闸回路
按钮故障	按钮常开或常闭状态发生变化	更换按钮或维修按钮
合闸动作但机械保持不住	1. 控制电源电压过低	提高控制电源电压
	2. 合闸部分机构卡住	检查合闸电磁衔铁是否到位
	3. 保持钩不到位或扣不住	调整机械系统
不分闸	1. 失压脱扣器或分励脱扣器不脱扣	确认失压和分励回路正常工作
	2. 手动分闸不脱扣或机构卡死	重新调整断路器机械系统或润滑机构
	3. 分闸按钮损坏或分闸回路故障	更换分闸按钮
通电后系统没有反应	1. 电源未接通	检查电源
	2. 保护器损坏	更换保护器
和上位机通信连接失败	1. 地址设置不正确	检查上、下位机的地址是否一致
	2. 跳线设置不正确	设置完地址后一定要给系统重新复位
	3. 电缆接头或电缆故障	检查跳线设置和电流连接是否正确
运行状态显示不正确	断路器的辅助触点或其他接点连接有问题	对照接线图查看触点的接触是否良好
字迹显示混乱	1. 液晶显示器损坏	更换液晶显示器
	2. 信号电缆连接不好	检查信号电缆的连接

2 矿用隔爆型真空电磁启动器系列

QBZ-80、120、200/1140(660、380)矿用隔爆型真空电磁启动器适用于交流 50 Hz、额定电压为 1 140(660)V、660(380)V 的线路,配用隔爆按钮后可就地停止控制或远距离启动、停止的三相异步电动机。启动器具有过载、断相、短路、漏电闭锁、失压、过电压等保护功能。

2.1 型号及其意义

QBZ-80、120、200/660(1140)

Q——启动器;

B——隔爆型;

Z——真空式;

80、120、200——额定电流 80 A、120 A、200 A;

1140(660、380)——额定电压 1 140(660、380)V。

2.2　工作原理及保护原理

合上隔离开关 HK,降压变压器次级产生交流 36 V 电压,保护器对地绝缘进行检测,若对地电阻值符合要求则执行继电器接点闭合,按下外接防爆按钮启动按钮(或其自身的启动按钮),可使中间继电器 ZJ 得电,其常开接点闭合,真空接触器 KM 吸合使主电路接通(图 3-2)。当按下外接的停止按钮(或其自身的停止按钮)时,控制回路断电,在机械反力的作用下,真空接触器主触头分开,主电路断电。

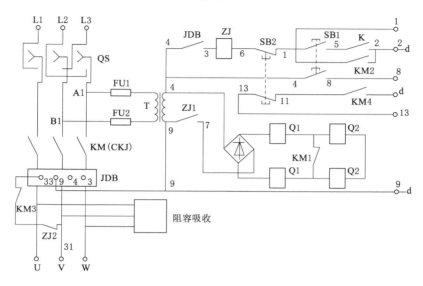

图 3-2　QBZ-80、120、200/1140(660、380)矿用隔爆型真空电磁启动器电气原理图

在正常情况下保护器执行继电器吸合,其常开触头闭合,主电路正常工作。当发生故障(过载、断相、短路)时,执行继电器释放,真空接触器线圈断电,主电路被切断。当主电路漏电时,执行继电器不能吸合,启动器不能启动。

2.3　常见故障及处理措施(表 3-2)

表 3-2　矿用隔爆型真空电磁启动器常见故障及处理措施

故障现象	原因分析	处理措施
不能正常启动	1. 启动按钮操动杆与启动按钮元件之间距离过大	调整启动按钮操纵杆与启动按钮元件之间的距离
	2. 电源变压器错接	电源变压器电压应与系统供电电压一致
	3. 综合保护器损坏,3~4 触点不能吸合	检查综合保护器是否损坏
继电器、接触器、变压器线圈烧毁	1. 系统供电电压过低	改善供电电压质量
	2. 变压器一次接线与系统供电电压等级不符	变压器一次接线应与系统供电电压等级相符

3　QBZ-80、120、200/1140(660、380)N 矿用隔爆型可逆真空电磁启动器

QBZ-80、120、200/1140(660、380)N 矿用隔爆型可逆真空电磁启动器(以下简称启动

器),适用于含有爆炸性气体(甲烷)的煤矿井,在交流 50 Hz、电压 1 140(660、380)V 线路中,对三相鼠笼型感应电动机实现正转、停止、反转或反转、停止、正转控制。启动器具有过载、断相、短路、漏电闭锁、失压、过电压等保护功能。

3.1 型号及其意义

QBZ-80、120、200/1140(660、380)N

Q——启动器;

B——隔爆型;

Z——真空式;

80、120、200——额定电流 80 A、120 A、200 A;

1140(660、380)——额定电压 1 140(660、380)V;

N——可逆。

3.2 结构特征

启动器外壳采用圆形快开门结构。内部装有一块控制底板,底板的正面装有两个真空接触器、两个中间继电器、电动机综合保护器和熔断器,底板的背面装有隔离开关、阻容保护器、控制变压器和停止按钮。

两个真空接触器分别控制电动机的不同转向,具有机械闭锁和电气闭锁功能,使得两个接触器不能同时闭合。

3.3 工作原理及保护原理

合上隔离开关 HK.控制变压器带电,保护器对地绝缘进行检测,若对地电阻值符合要求则执行继电器触点闭合按下外接正、反转启动按钮可使中间继电器 ZJ 通电。其常开接点闭合,真空接触器 ZC 成 FC 吸合使主电路接通。ZC 与 FC 之间装有可靠的机械连锁,保证 ZC 吸合时 FC 不能通电,同样当 FC 吸合时 ZC 不能通电吸合。换向时,只有这台接触器停止后才能启动另一台。当按下外接的停止按钮(或其本身的停止按钮)时,控制回路断电,在机械反力的作用下,真空接触器主触头分开,主电路断电(图 3-3)。

在正常情况下,保护器执行继电器吸合,其常开触头闭合,主电路正常工作。当发生故障时(过载、断相、短路),执行继电器释放,真空接触器线圈断电,主电路被切断。当主电路漏电时,执行继电器不能吸合,启动器不能启动。

3.4 常见故障及处理措施(表 3-3)

表 3-3 矿用隔爆型可逆真空电磁启动器常见故障及处理措施

故障现象	原因分析	处理措施
按下启动按钮,接触器不吸合	1. 按钮接触不好	修触点或更换按钮
	2. 无 36 V 电源	检查 HK 是否合上,RD 是否烧断或接触不好,KL 绕组是否烧断
	3. 整流桥损坏	更换损坏的二极管
	4. 接触器线圈损坏	更换线圈或接触器
	5. 保护器漏电闭锁保护	找出并排除负载漏电处
	6. 中间继电器卡死	排除故障或更换继电器

表 3-3（续）

故障现象	原因分析	处理措施
启动后无法维持	1. 电源电压低于 75％额定电压	换成大截面电缆减少线路压降
	2. 反力弹簧调节过紧	放松反力弹簧,但要保持一定的分闸速度
	3. 辅助触点接触不良	调整辅助触点使其接触良好
无法停止	中间继电器卡死或熔焊	排除故障或更换继电器
阻容保护器电阻烧毁	1. 电源三相严重不平衡	调整负荷,使三相尽量平衡
	2. 电容击穿	更换被击穿电容
	3. 电容容量电阻阻值降低	更换电容式电阻
三相严重不同步	1. 接触器动导杆锁紧螺母松动	按说明书调整三相触头开距并拧紧锁紧螺母
	2. 真空管漏气	调整或更换
过载时保护器不动作	1. 保护器整定电流太大	按电机容量的额定电流值调整保护器的合适整定电流
	2. 保护器动作不可靠	更换保护器
RD 熔断	KL 高压线圈短路或引线短路	查出短路处,排除故障,更换 RD

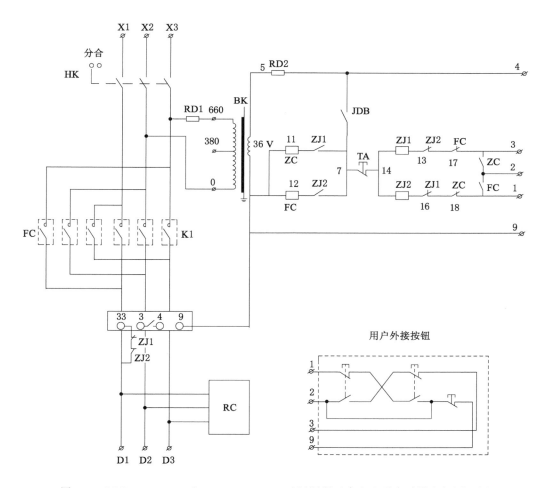

图 3-3　QBZ-80、120、200/1140(660、380)N 矿用隔爆型真空电磁启动器电气原理图

4 QJZ-200、315、400/660(1140)矿用隔爆兼本质安全型真空电磁启动器

QJZ-200、315、400/1 140(660)矿用隔爆兼本质安全型真空电磁启动器,适用于有爆炸性气体和煤尘的矿井。当低于额定电压1 140(660)V、频率50 Hz、电流400 A时,用于直接启动或停止矿用隔爆型三相异步电动机,控制方式有就地控制和远程控制两种,并可以在停机时换向,主要运用于采掘工作面较大功率的设备控制,如采煤机、转载机、带式输送机、乳化泵、破碎机等。

4.1 结构特征

启动器由装在橇形底架上的方形隔爆外壳、本体装配(包括可拆装的控制板)前门及电器件装配等组成。外壳的前门为平面止口式,当前门右侧中部的机械闭锁解锁后,可以抬起,启动器左侧固定于铰链上的操作手把,将门抬起约30 mm后,前门即可打开。关门时,用手平提铰链上的手把,转动前门即可关闭。

(1)本体装配有交流真空接触器CJ、电流互感器LH、阻容吸收装置ZR、控制变压器BK、千伏级熔断器GRD、隔离换向开关GHK。

(2)控制板装配有二次保险1-2RD、本安变压器BA、先导继电器XD2、时间继电器1-2SJ、中间继电器ZJ、保护器BJ、钮子开关1-2K、2个矩形插座。

(3)外壳上装有停止按钮之间的机械闭锁装置;接线腔装有主电路进线端子3个,出线端子3个;控制线接线端子排,其中K1~K9、K6、K11、K22为本安端子,K5~K9为联控端子(本安),K0为接地线,K12~K14为备用端子。

(4)接线腔装有4个主回路进出线引入装置和4个控制回路进出线引入装置。

(5)前门上装有:启动按钮QA和停止兼复位按钮TA1;试验开关HK,上方由左向右的次序为断相、工作、过载、漏电四个挡位;信号显示窗XS组件,装有电源、运行显示及过载、短路、断相、漏电闭锁等故障显示。

4.2 工作原理

合上隔离换向开关GHK后,主回路电源至交流接触器CJ动触点处,等待接触器线圈通电吸合,如图3-4所示。

4.3 常见故障及处理措施(表3-4)

表3-4 矿用隔爆兼本质安全型真空电磁启动器常见故障及处理措施

故障现象	原因分析	处理措施
按启动按钮不启动	1. 按钮接触不良	更换按钮
	2. 保护插件不动作	换插件
	3. 保险不动作	更换保险
启动后不自保	真空接触器常开接点闭合不好	修理或更换
漏电不闭锁	真空接触器常闭接点、中间继电器常闭接点接触不良	修理或更换

5 QJR-200、315、400、630/1140(660)矿用隔爆兼本质安全型软启动器

QJR系列矿用隔爆兼本质安全型软启动器(以下简称启动器),适用于含有爆炸性气体(甲烷)和煤尘的矿井,主要用于启动额定电压为660~1 140 V、电流200~630 A、频率为

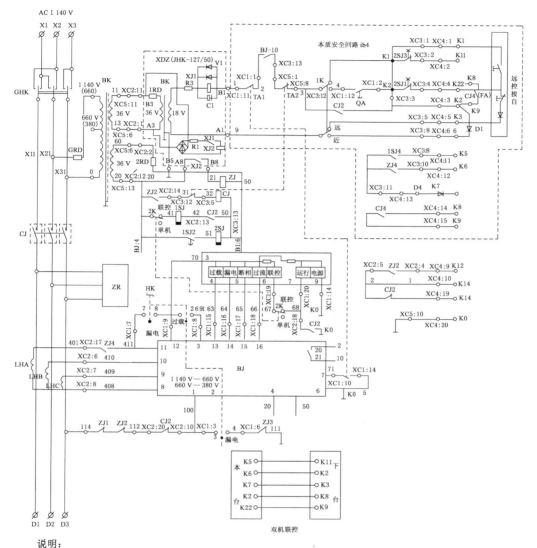

说明：
1. 保护器试验开关 HK，不允许在启动器工作时进行转换试验；而且在试验后必须按前门上的停止按钮进行复位，但不是对过载复位，过载是自动复位，复位时间为 2~3 min。
2. 单机远控、双机联控接法如图所示。
3. 单机联控：本台和下台启动器的 1K 都倒向远控，2K 倒向联控；2SJ 调至 1-2S，本台 1SJ 调至 (3-5) S，下台的 1SJ 调至 0S。
4. 单机近控时，二极管 D1 在 K2~K6 之间，出厂时已接好。

图 3-4　QJZ-200、315、400/660(1140) 矿用隔爆兼本质安全型真空电磁启动器

50 Hz、最大额定功率为 900 kW 的矿用隔爆型三相异步电动机，控制方式有就地控制和远方控制，并可在停机时进行换向，控制回路为本质安全型。它同时具有矿用隔爆型真空电磁启动器和交流低压软启动器两种功能。针对国内各煤矿不同使用环境条件和使用要求，集功能于一体。更主要的是，其具有模块化结构，特别适合使用和维修。软启动时具有启动电流小、启动速度平稳可靠、对电网冲击小等优点，且启动曲线可根据现场

实际情况调整,从而降低启动时对胶带机、刮板机和电网的冲击力,减小了对胶带机、刮板机的损害,延长了胶带机、刮板机的使用寿命。直接启动时,它具有磁力启动器的各种功能,即真空接触器能启动和分断各种情况下的电机负荷,该接触器还具有分断 20 倍短路电流能力,隔离开关也能够带电分断电机的负荷,启动器还具有短路、过载、漏电闭锁等功能。

5.1 结构特征

启动器的隔爆箱外形为方形,主要有主体腔和接线腔两个部分。主体腔内装有抽屉式机芯架,机芯架安装在主体腔的导轨上,由紧固螺栓固定,接线腔由 6 个主接线柱分为两组(X1、X2、X3 及 D1、D2、D3)进出线,另外还有 4 个七芯接线柱用来外接测量速度信号和远控及通信,接线腔为隔爆兼本安接线腔。

5.2 电气工作原理

QJR-200、315、400、630/1140 型软启动器,其交流软启动器是以反并联的三组大功率晶闸管作为软开关,其核心部件是采用软启动及保护控制器。控制器可选择电压斜坡启动或恒电流启动,控制器可按用户要求预设的曲线对电动机进行自动控制,由电流反馈作为闭环组成调节系统来控制大功率晶闸管元件。在电动机的启动过程中,保证启动加速度控制在设定范围内,使其平滑且可靠地完成启动过程。当电动机启动过程完成后,由软启动及保护控制器控制交流接触器吸合,短接所有的晶闸管,使电动机直接投入电网全压运行(图 3-5)。

启动:GK 合闸→(LDB 对地绝缘电阻检测)绝缘正常→按启动按钮 QA→控制器 DCOM 与 D1 得到软启动信号并接通→完成启动过程和切换至旁路 KM 动作→KM 主回路接点吸合→电机运行→KM 自保。

停止:按 TA 按钮→控制器得到停止信号并断电→ZJ 无电→KM 断开→电机停止运行。

电机运行时:发生短路、过载、断相时控制器触点断开→KM 无电则主回路断开→电机停止运行。

远控操作:将钮子开关拨向"远控"位置,然后进行远控操作。

5.3 注意事项

(1)软启动器两次启动时间间隔不能短于 5 min,1 h 内启动次数不多于 12 次。

(2)安装时切勿使用兆欧表测量进出线相间电阻以免损坏内部元器件,如需要测量进出线相间电阻,可用万用表测量。

(3)箱体内的软启动及保护控制器为该装置的核心部分,使用者请不要拆开,以免造成该核心部件损坏,致使软启动器不能正常工作。

(4)本软启动器接线腔中 B1 端子可接胶带机保护和 485 通信接口;A2 端子中有 36 V(30 VA)交流电压输出,主接触器信号输出(无源),远近停止信号输出;A3 端子接远方控制按钮;A4 端子无接线。

5.4 故障分析及处理措施

故障分析及处理措施见表 3-5。

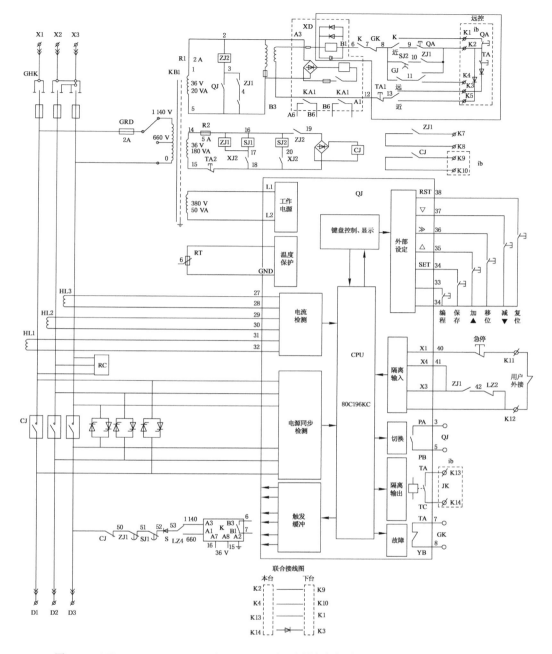

图 3-5 QIR-200、315、400、630/1140(660)矿用隔爆兼本质安全型软启动器电气原理图

表 3-5 矿用隔爆兼本质安全型软启动器常见故障及处理措施

故障现象	原因分析	处理措施
不启动	1. 控制电路无电源,显示器不显示	检查变压器电源输入和输出,或熔断器的熔芯是否损坏
	2. 送电就烧一次保险	检查变压器是否接线短路,排除短路故障、更换熔断熔芯
	3. 控制回路有断线	按电气原理图排除断线
	4. 控制按钮中间继电器有卡拌现象	进行调换或更换中间继电器

表 3-5(续)

故障现象	原因分析	处理措施
不启动	5. 漏电闭锁	检查电气绝缘排除故障
	6. 启动时电机不转且噪声大	软启动控制器损坏或可控硅一相损坏或二者之间连接线路中断
抖动	1. KM 主触头与辅助吸合时间差	调整辅助使之在主触头闭合前分开
	2. 真空接触器电源有电,吸合时有嗡嗡的声音,有卡顿现象	清理衔铁和铁芯之间的杂渣

6 ZBZ-2.5、4/1140(660,380)M 矿用隔爆型照明信号综合保护装置

6.1 用途

ZBZ-2.54/1140(660,380)M 矿用隔爆型照明信号综合保护装置适用于煤矿井下 127 V 照明的电源控制,并具有过压、欠压、短路、漏电闭锁、漏电保护及电缆绝缘危险指示等综合性保护功能的隔爆型电气设备。

6.2 适用条件

(1) 海拔高度不超过 2 000 m;

(2) 周围介质温度不高于+40 ℃,不低于-20 ℃;

(3) 周围空气的相对湿度不大于 95%(+25 ℃时);

(4) 在无强烈颠簸振动以及垂直倾斜度不超过 15°的地方;

(5) 在无足以腐蚀金属和破坏绝缘的气体与蒸气的环境中;

(6) 可用于有甲烷和煤尘瓦斯危险的矿井;

(7) 能防止水和液体浸入的地方。

6.3 型号及其意义(图 3-6)

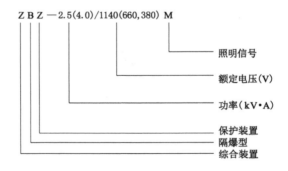

图 3-6 型号及其意义

6.4 技术特征

(1) 照明短路保护时间:短于 0.25 s;

(2) 信号短路动作时间短于 0.4 s;

(3) 漏地电阻动作整定值≤2 kΩ;

(4) 漏地闭锁电阻动作值≤4 kΩ;

（5）电缆绝缘危险指示值 $13 \times (1 \pm 20\%)$ kΩ；

（6）漏电保护动作时间短于 0.25 s；

（7）工作电压允许波动范围：额定电压值的 $75\% \sim 110\%$。

6.5 结构概述

综合装置的隔爆外壳为圆筒形，具有凸出的底和盖。壳盖与壳身采用转盖止口结构。外壳上部有一接线箱供引进和引出电缆用。外壳右侧装有操作隔离开关的手柄和检查短路、漏电保护系统是否有效的试验按钮。并有可靠的机械连锁装置，保证当隔离开关闭合时，壳盖打不开；壳盖打开时，隔离开关不能闭合。壳盖上方有一透明观察窗，可以观察状态指示灯。主变压器与机芯的连接采用插销方式，拔下插销，机芯可独立拿出。电子保护线路采用插接方式，便于拆卸，维修方便。

主要元件的作用：

（1）隔离开关 1K：正常情况下仅作隔离电源之用，不允许带负荷操作。在故障状态下，其可分断主变压器的 6 倍额定电流 3 次。

（2）一次熔断器 1RD、2RD：对主变压器进行短路保护。

（3）二次熔断器 3RD、4RD：127 V 系统后备保护。

（4）控制电路熔断器 5RD：保护控制变压器。

（5）交流接触器：CJ 用于控制 127 V 负荷的通断。

（6）电流互感器 LHZb、LHZc 用于照明系统保护取样。

（7）电流互感器 LHxb 用于 127 V 信号系统短路保护信号的取样。

（8）主变压器 ZB：127 V 动力电源。

（9）主变压器 KB：综合装置保护系统的低压电源。

（10）电子线路插件：由保护电器电子元件组成，用于实现装置的各种保护功能。

（11）控制试验按钮 QA、TA：用于控制负荷的接入和分断及试验保护功能是否正常。

（12）发光二极管 LED1~LED5：用于正常工作及故障状态指示（表 3-6）。

表 3-6　发光二极管用于正常工作及故障状态指示

信号	照明	运行	漏电	绝缘
黄	红	绿	红	黄

（13）直流继电器 J：作为保护电路终端执行元件。

6.6 电气原理（图 3-7）

装置电气线路主要由主回路、控制回路、保护回路组成。主回路由隔离开关 1K，一次侧熔断器 1RD、2RD，主变压器 ZB，二次侧熔断器 3RD、4RD，交流接触器 CJ 等元件组成。控制电路由接触器 CJ 线圈，送电按钮 QA，停电按钮 TA 控制继电器常闭接点 J1 等组成。装置投入工作时，首先闭合 1K，使主变压器 ZB 及控制变压器 KB 通电工作，此时发光二极管 LELD3（绿色）通电发光。在 127 V 网络（负载侧）无漏电状态下可按合闸送电按钮 QA，给 CJ 线圈通电，CJ 吸合，主接点 CJ1-3 闭合，127 V 网络负荷得电工作。停电时，可按分闸按钮 TA，使 CJ 断电释放，断开主接点。

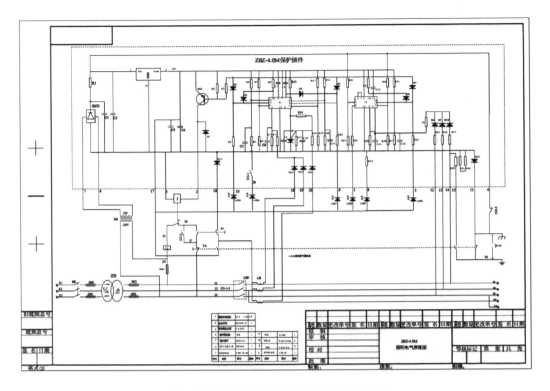

图 3-7 ZBZ-2.5、4/1140(660)电气原理图

保护电路:

(1)稳压电源:由控制变压器 KB,整流桥堆 QSZ、R1、C1、C2、集成稳压器 W1 等元器件组成;控制变压器 KB(127 V/25 V)的副边输出经整流器 QRZ 整流,C1 滤波并经集成稳压器 W1 稳压后,输出 18 V 直流电压,作为保护电路的稳压电源。

(2)照明短路保护电路:由集成电路 T1、电阻 R2~R7、电容 C3、C4、二极管 D1、D3、D4、稳压管 DW1 组成,正常运行时,电流传感信号电压(该电压为电流传感器 LH1、LH2、二次输出整流,滤波后的电压值)不足以使 T1 翻转。当照明负载任意二相短路时,电流传感信号电压经 D3 或 D4 半波整流在 R5 上之信号电压使 T1 翻转,T1 输出端由高电平跳变为低电平。电流由电源正→插座端子 8→J→插座端子 16→R34→D1→T1 输出端→T1 内部→电源负,形成回路,继电器 J 吸合,使控制回路 J 接点断开,切断主电路。同时发光二极管 LED1(红色)给出信号指示。R2、C3 退耦电路,R3 限流电阻,D1 或门二极管,R5 取样电阻,R6、R7 调整电阻,D3、D4 整流二极管,C4 滤波电容,DW1 保护稳压器,R4 自锁负载电阻。

(3)信号短路保护电路:由集成电路 T2,电阻 R8、R9、R10、R12、R13、R14、R15,C5~C7、D5、D6,可调单结晶体管 BT,DW2 组成。正常运行时,电流传感信号电压(该电压为电流传感器 LH3 二次输出整流,滤波后的电压值)不足以使 T2 翻转。当信号负载发生短路时,电流传感信号电压经 D6 半波整流在 R13 上之信号电压使 T2 翻转,T2 输出端由高电平跳变为低电平。电流由电源正极→插座端子 8→J→插座端子 16→R34→D5→T2

内部→电源负极形成回路,继电器 J 吸合,使控制回路 J1 接点断开,切断主电路。同时发光二极管 LED2(绿色)给出信号指示。由于信号回路具有声光指示,信号灯灯丝由冷态变为热态时,其内阻阻值变化较大,启动瞬间的启动电流相当于短路电流,可能产生误动作,此时可在信号短路保护电路中设置延时环节。在信号打点瞬间,由于电流传感信号电压使 C7 两端电压大于 C6 两端电压,此时截止。在信号打点间歇瞬间,C6 两端电压大于 C7 两端电压,此时 BT 管导通,将 C6 两端电压迅速放电。防止连续打信号时 C6 两端电压大于 T2 门坎翻转电压而产生误动作。R8、C5 退耦电路,R9 限流电阻,R10 自锁负载电阻,R13 取样电阻,R12 延时电阻,R14、15 调整电阻,D5 或门二极管,D6 半波整流二极管,DW2 保护稳压管,C6、C7 延时电容,BT 为 C6 放电管。

(4)漏电保护电路:由集成电路 T4,R20~R33,D7,D9~D12,C9~C11 组成。在 127 V 未送电状态下,网络存在漏电故障时,电路可实现闭锁。其动作回路为:电源正极→D13→插座端子 1→CJ5→接地极→127 V 漏地处→Za(Zb、Zc)→插座端子 11(12、13)→R32(R31、R30)→D12(D11、D10)→R27→R26→R25→电源负极,R25 上的信号电压使 T4 翻转,T4 输出端由高电平跳变为低电平。电流由电源正极→插座端子 8→J→插座端子 16→R34→D7→T4 输出端→T4 内部→电源负极形成回路,继电器 J 吸合,使控制回路 J1 接点断开,切断主电路。同时发光二极管 LED5(红色)给出信号指示。在 127 V 送电状态下,若发生漏电故障可实现漏电跳闸。其动作回路为:Za(Zb、Zc)→插座端子 11(12、13)→R32(R31、R30)→D12(D11、D10)→R27→R26→R25→电源负极→R29→R28→D9→插座端子 15→接地极→127 V 漏地处→Za(Zb、Zc)。R25 上的信号电压使 T4 翻转,T4 输出端由高电平跳变为低电平。电流由电源正极→插座端子 8→J→插座端子 16→R34→D7→T4 输出端→T4 内部→电源负极形成回路,继电器 J 吸合,使控制回路 J1 接点断开,切断主电路。同时发光一极管(红色)给出信号指示。R27、R30~R32 限流电阻,R25 取样电阻,R28、R29 漏电动作值调整电阻,R24 自锁负载电阻,R21 限流电阻,R20、C9 退耦电路,D7 或门二极管,D8 继电器续流二极管,D9 隔离二极管,C10、C11 滤波电容。

(5)电缆绝缘危险指示电路:由集成电路 T3、R16~R19、R25~R26、C8 等组成。在 127 V 网络对地绝缘电阻较高时,漏电信号电压较小,不足以启动 T3 触发器,当网络对地绝缘电阻下降到一定数值[13×(1±10%)]时,R25~R26 信号电压上升使 T3 触发翻转,其输出端由高电平跳变为低电平,LED4(黄色)给出绝缘危险信号指示,当电缆绝缘恢复至大于 13 kΩ 时,T3 自动返回初始状态,LED4 熄灭,撤销危险信号指示。R16、C8 退耦电路,R17 限流电阻,R18、R19 调整电阻,R25、R26 取样电阻。本保护电路的 T1、T2、T4 触发器均具有自锁功能,必须将故障切除后将 1K 重新合上,才能恢复正常运行。

(6)动作试验电路

① 短路动作试验

按合 TA2,其回路为:电源正极→插座端子 8→KC7→TA2→QA2→KC5→LH1、LH2(LH3)→插座端子 17、18、(19)→D3、D4(D6)→R7、R6(R15、R14)→R5(R13)→电源负极,R5(R13)上得到的信号电源使 T1(T2)翻转,输出端由高电平跳变为低电平,继电器动作。

② 漏电动作试验

按合 TA4,其回路为:电源正极→D13→CJ5→主接地极、辅接地极→TA4→R33→D12→R27→R29→R28→电源负极,R25 上得到的信号电源使 T4 翻转,输出端由高电平跳变为低电平,继电器动作。以上两种动作试验的模拟信号电压均由保护电路的直流稳压电源供给。

6.7 试验及使用

装置接入网络后应先进行三次短路及漏电动作试验,每次均应可靠动作,并给出灯光信号指示。其中某保护部分如产生拒动,应立即停电检查有关部件。试验可按下述方法进行:将电源开关 1K 团合,此时绿色指示灯亮,然后按下位于机壳侧方的试验按钮。此时机壳内的短路及漏电试验按钮同时被压接闭合,接通两种试验电路。当保护功能正常时,各相应二极管给出信号指示,并且 CJ 能自动释放,表明动作正常。若按钮释放后发光二极管 LED1、LED2、LED5 仍能继续发光,则表明各保护电路自锁功能正常。反之则表明对应于不发光二极管的保护电路自锁功能失灵。同理,当试验按钮压入后,如出现发光二极管(一个或几个)不亮时,则说明对应的保护电路功能失效。此外,在上述试验正常无误后,还应在 CJ 主接点未闭合(即 127 V 网络无电)状态下,进行一次漏电闭锁试验,方法同前,仍将 TA 按钮压下,此时发光二极管 LED5 应发光,并且当 TA 复位后,发光仍能保持,说明漏电闭锁电路工作正常。上述试验每进行一次后,必须将隔离开关 1K 分断一次,解除自锁,然后才能再次试验或投入工作。信号电流互感器 LH3 整定在 1 000 m 档,此时负载不得超过 350 W,否则将出现误动作。使用中如出现误动作或按下试验按钮产生拒动时,可更换保护插件板。装置连续使用时,应按现行《煤矿安全规程》的规定定期进行性能试验和检查。

使用前应检查各电器元件,有无因在运输途中受振而损坏、脱落和受潮现象,如有上述情况发生,需处理后才可使用。接线前用 500 V 兆欧表测量高低压侧绝缘电阻值,应不低于 5 mΩ。装置应可靠接地,辅助接地应在主接地点 5 m 以外。

6.8 常见故障及处理措施(表 3-7)

表 3-7　矿用隔爆型照明信号综合保护装置常见故障及处理措施

故障现象	原因分析	处理措施
装置送电后不显示	1. 前级电源无输出	检查前级电源与电压
	2. 一次或二次保险丝烧断	检查或更换一次或二次保险
	3. 保护器插头没有插好	检查保护器插头并插好
	4. 显示器插头没有插好	检查显示器插头并插好
装置送电后,有显示但不能合闸	1. 中间继电器不吸合	更换中间继电器
	2. 接触器 CJZ 内 D1~D4 坏	检查并更换损坏的整流二极管
	3. 保护器没插好	检查保护器并插好
	4. 保护器故障	换保护器
	5. 36 V 保险丝烧毁	检查并更换保险丝

表 3-7(续)

故障现象	原因分析	处理措施
送电运行后短路,保护器跳闸	1. 额定电流整定值太低	重新整定电流值
	2. 保护器有故障	换保护器
装置运行过程中发生过压或欠压	1. 前级电压有波动	检查输入电压
	2. 控制变压器上的电压等级与实际输入等级不符	检查变压器输入电压插头是否正确并更正
装置漏电保护动作	1. 负载电缆及负载绝缘低	检查负载电缆并修复
	2. 保护器损坏	更换保护器
装置不能进行参数设定	1. 按钮故障	检查并更换按钮
	2. 保护器故障	更换保护器

7　QBZ-2X80、120/1140(660)SF 煤矿风机用隔爆型双电源真空电磁启动器

QBZ-2X80、120/1140(660)SF 煤矿风机用隔爆型双电源真空电磁启动器(简称启动器),标准参照《矿用防爆型低压交流真空电磁启动器用电子保护器》(MT 111—2011)。

本装置针对目前煤矿井下双风机、双电源不间断通风的安全要求设计制造的。它以高性能单片机为控制核心对控制器的运行状态进行实时监控及故障处理,实现主备机运行状态相互切换,该装置状态指示采用汉字液晶屏显示。

启动器的隔爆壳体为长方体侧开门结构,由两个相互独立且结构相同的隔爆型主风机控制箱和隔爆型备风机控箱组合起来,并且两路电源分别对应主、备风机供电的智能风机启动器。该产品上部是两个结构相互独立且隔爆的接线腔,设有主、备风机的电源引入口,主、备风机电源输出口及风电闭锁、照明电源电缆出口,箱体外侧板上分别装有按钮和隔离开关操作手柄。

该启动器适用于煤矿井下,在交流 50 Hz、电压 1 140 V 或 660 V 线路中,控制局部对旋风机所需要全部控制功能。

7.1　启动器型号表示方法

型号中的大写汉语拼音字母代表启动器的型式及其特征,主要参数由阿拉伯数字表示。型号中字母代表启动器的型式及其特征,主要参数由阿拉伯数字表示(图 3-8)。

标记示例:额定主电压为 1 140 V、备用电压为 660 V、额定电流为 120 A 的煤矿风机用隔爆型双电源真空电磁启动器,其型号标记为 QBZ-2×120/1140(660)SF。

7.2　维护

当安全受到危害时,任何损坏的部件必须立即更换。如果无法立即更换,必须停止操作启动器,同时立即通知工作面班组和上级领导。

日常维护时要保持无杂物,要经常清理灰尘,防止维修时灰尘落入启动器内部,造成内部电器部件触头污染而接触不良。

特殊情况下,开盖前必须清理启动器上的灰尘和杂物。

7.3　故障排除(表 3-8)

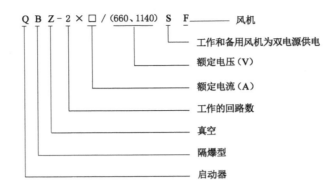

图 3-8　启动器型号表示方法

表 3-8　常见故障及处理措施

故障现象	检查项目	处理措施
液晶屏不亮,启动器不能启动	1. 隔离开关是否打到位	将隔离开关打到位
	2. 熔芯是否松动	旋紧保险
	3. 控制盒插头 21#、22# 线是否松动或脱落	紧固插头线
液晶显示屏显示正常不能启动	1. 检查控制盒插头 14#、1#、2#、3#、4# 线是否松动脱落	紧固插头线
	2. 停止按钮是否弹出	弹出停止按钮
启动无力或有较大的嗡嗡声(交流电声)	检查电网电压是否和电压调整牌上的控制变压器抽头相符	更正变压器抽头
启动几秒钟后自动停止并显示"欠压"	检查保护器菜单欠压是否设有延时时间	设置欠压动作时间
通电启动前几分钟显示"缺相"	1. 检查电流等级是否为 0	检查负载电流
	2. 检查电流互感器插头线是否松动或脱落	紧固插头线插头
设置按钮不起作用	检查控制盒插头是否松动或脱落	插紧插头
电流显示过大或过小	检查设置页面中的"电流等级"是否和电流互感器的参数相符	更改设置为电流互感器的额定电流值

7.4　附图

QBZ-2×80.120/1140(660)SF 电气原理图如图 3-9 所示。其接线图如图 3-10 和图 3-11 所示。

8　井下电气开关的检修标准

8.1　井下电气开关的选择原则

(1)开关的额定电流应大于所供电线路的长时工作电流。

(2)开关的断开能力电流应大于通过它的最大三相短路电流。计算最大三相短路电流时短路点应选在开关设备等负荷侧的端子上,并按最大运行方式计算。

(3)按照计算出的最小两相短路电流来整定开关的灵敏度。计算最小两相短路电流

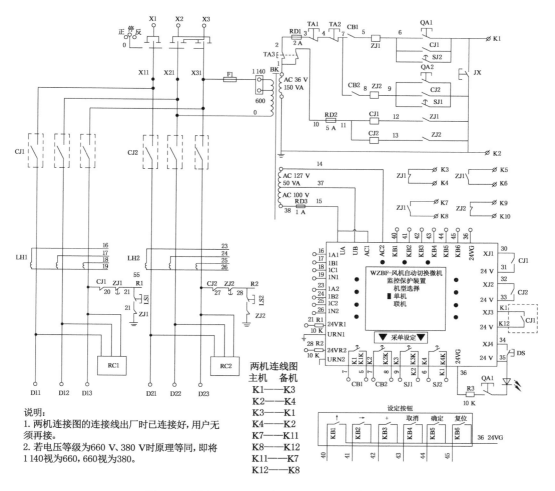

说明:

1. 两机连接图的连接线出厂时已连接好,用户无须再接。

2. 若电压等级为660 V、380 V时原理等同,即将1 140视为660,660视为380。

两机连线图

主机	备机
K1	K3
K2	K4
K3	K1
K4	K2
K7	K11
K8	K12
K11	K7
K12	K8

图 3-9　QBZ-2×80.120/1140(660)SF 电气原理图

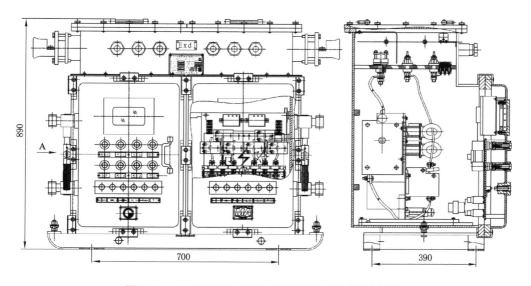

图 3-10　QBZ-2×80.120/1140(660)SF 接线图(主机)

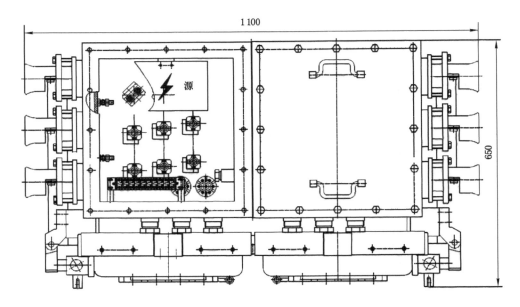

图 3-11　QBZ-2×80.120/1140(660)SF 接线图(备机)

时,短路点应选择在保护范围的末端,并按最小运行方式计算。

(4) 供电线路用的总开关和分路开关,都应选用有"两证一标志"的低压防爆开关。

(5) 开关所装的保护装置应适应电网和工作机械对保护的要求。应有短路保护、过负荷保护及漏电保护。

8.2　井下电气设备操作规程

(1) 非专职或值班电气人员不得擅自操作电气设备。

(2) 操作高压电气设备主回路时,操作人员必须戴绝缘手套,并且必须穿电工绝缘靴或站在绝缘台上。

(3) 127 V 手持式电气设备的操作手柄和工作中必须接触的部分,应有良好的绝缘。

8.3　井下开关的日常维护

(1) 外观的完好程度,螺丝、垫圈是否完整、齐全、紧固。

(2) 是否有不正常的声响、温度过高及其他异常现象。

(3) 仪表、指示器、操作机构、信号装置等是否正常。

(4) 有无失爆情况。

(5) 接地线是否完整齐全符合规定。

(6) 井下高压开关的电源侧和负荷侧要定期打开检修,看有无放电痕迹,绝缘是否符合要求,并且干燥剂要定期更换。

第二节　矿用隔爆型干式变压器及移动变电站

1　矿用隔爆型干式变压器

1.1　矿用隔爆型干式变压器型号及含义

$$KBSG——315\sim630/6$$

6——额定输入电压,kV;

$315\sim630$——额定容量,kV·A;

G——干式;

S——三相;

K——矿用;

B——隔爆型。

1.2　适用范围及使用条件

矿用隔爆型干式变压器(以下简称干式变压器),适用于煤矿井下和周围介质中含甲烷混合气体和煤尘且有爆炸危险的环境中。干式变电器在额定频率为 50 Hz、一次侧电压为 6 kV、中性点不接地的三相电力系统中运行,为煤矿井下的各种动力设备和各种用电装置提供电源,具有开盖电气连锁和超温报警功能。

1.2.1　干式变压器的正常使用条件

(1) 海拔不超过 1 000 m;

(2) 环境温度:最高气温 40 ℃,最低气温-5 ℃,空气相对湿度不超过 95%(25 ℃时);

(3) 有甲烷混合气体和煤尘且有爆炸危险的矿井;

(4) 无强烈颠簸、振动和与垂直面的倾斜度不超过 15°的环境;

(5) 无足以腐蚀金属和破坏绝缘的气体和蒸汽;

(6) 无滴水的场所;

(7) 电源电压的波形近似正弦波;

(8) 三相电源电压近似对称。

1.3　结构及原理

干式变压器由独立的高、低压出线盒和电缆引入装置组成,每个出线盒上配有两套电缆引入装置。高压出线盒与低压出线盒之间设有电气连锁,出线盒端盖与出线盒之间设有电气制锁,闭锁按钮为常闭触点,以保证在出线盒盖打开的状态下不能对变压器送电。高压出线盒侧面设有紧急停止按钮,内有终端元件,急停按钮为常开触点,可以紧急断开变压器上一级高压电源。

干式变压器电气原理图如图 3-12 所示。

1.4　安装调整

隔爆型干式变压器在下井安装前首先根据井下电源情况,将变压器高压输入分接端位置调整到合适的位置。当改变低压输出电压时,必须将低压开关操作电源电压同时调整到相应的电压。

根据所要拖动的负载容量,按照高、低压开关说明书整定开关的保护参数,并整机送电试验开关各个功能和变压器是否正常。开关功能按钮通常有漏电、短路、过载、电合、电分等,视不同开关厂家不完全一致。

隔爆型干式变压器,当全电压空载投入时,可能产生激磁涌流。涌流大小与线路阻抗及合闸时电压瞬时值有关,一般不大于高压额定电流的 5 倍。

安装干式变压器时,将输入电缆和输出电缆分别通过电缆引入装置连接到变压器高、

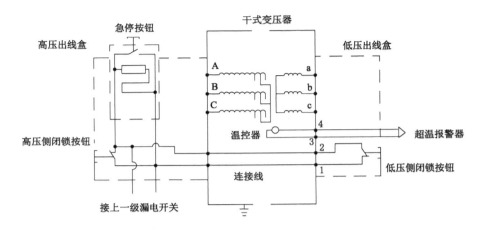

图 3-12　矿用隔爆型干式变压器电气原理图

低压套管接线柱上,连接要可靠。出线盒盖必须盖严,隔爆间隙必须合格。变压器必须可靠接地,主接地与辅助接地之间距离要求大于 5 m。变压器在正常运行时温控器不会动作,只有在过载运行或表面散热不正常情况下才能动作。当温控器报警或超温保护动作之后,必须查找过热原因,排除故障,并自然冷却到正常工作温度以下,才能重新送电。

1.5　常见故障和处理措施(表 3-9)

表 3-9　矿用隔爆型干式变压器常见故障和处理措施

故障现象	原因分析	处理措施
绝缘电阻低	在运输和储存中变压器受潮瓷套管表面潮湿或存在裂纹	1. 先擦拭高低压瓷套管表面; 2. 对器身干燥
输出电压不正确	变压器高压调压端与输入电压可能不匹配	检查高压调压连接片位置是否正确
变压器空载运行温度异常	铁芯多点接地	抽出器身排除故障部位
变压器负载运行时温度异常	如果未超负荷运行,则绕组绝缘受损	抽出器身进行检查
变压器运行时噪声异常	各紧固处存在松动现象	抽出器身检查紧固
温控器不动作	多数情况下连线断,偶有温控器件损坏	检查温控器件和连接线

2　KBSGZY—315-800/10(6)/3.45 矿用隔爆型移动变电站

2.1　概述

矿用隔爆型移动变电站(以下简称移动变电站),是一种煤矿井下供、变电设备,由移动变电站用干式变压器、高压负荷开关(或高压真空开关)、低压馈电开关(或低压保护箱)和高压电缆连接器(视高压开关实际结构)四个部分组成的移动式成套装置。

2.2　型号及含义

KBSGZY—315-800/10(6)/3.45

KB——矿用隔爆型;

S——三相;

G——干式；

Z——组合；

Y——移动式；

315-800——额定容量，kV·A；

10(6)——额定输入电压，6 kV 或 10 kV；

3.45——额定输出电压，kV（无此电压等级不标）。

2.3　使用条件

移动变电站在下列条件下保证长期工作：

(1) 海拔不超过 1 000 m。

(2) 环境温度：

① 最高气温为 40 ℃；

② 最热月平均温度为 30 ℃；

③ 最高年平均温度为 20 ℃；

④ 最低气温为－5 ℃。

(3) 空气相对湿度不超过 95％（25 ℃时）。

(4) 在有甲烷混合气体和煤尘且有爆炸危险的矿井中。

(5) 无强烈颠簸、振动和与垂直面的倾斜度不超过 15°的环境。

(6) 无足以腐蚀金属和破坏绝缘的气体和蒸汽。

(7) 无滴水的场所。

(8) 电源电压的波形近似正弦波。

(9) 三相电源电压近似对称。

2.4　结构概述

组成移动变电站的高压开关、干式变压器和低压开关分别用高强度螺栓连接成一体，高压电源经高压电缆连接器或高压开关的电缆引入装置，引入高压开关；低压电源经由电缆引出装置输出，可以矿用电缆配合。

高压开关有高压负荷开关和高压真空开关两种；高压负荷开关与低压馈电开关配套使用；高压真空开关与低压保护箱配套使用。高压真空开关、低压馈电开关和低压保护箱具有漏电、过载、短路、断相、过电压和失压等保护功能。高压负荷开关使用操作手柄进行手动合闸或分闸。与其配套的低压馈电开关上设有复位、自检、试验、电合、手分等按钮和电压表、电流表、电阻表及指示器件。高压真空开关具有隔离开关和真空断路器，真空断路器同时具有电动合闸和手动合闸，面板上有复位、自检、试验、分闸、合闸等按钮和液晶显示屏。与其配套的低压保护箱内部不设断路器，但有复位、自检、试验等按钮和液晶显示屏，将低压运行状态反馈到高压开关上实现保护。移动变电站的高、低压开关之间设有电气连锁。高压开关大盖与高压开关箱体之间有电气连锁；低压开关箱与大盖之间有机械连锁，以保证高压开关和低压开关箱盖未盖严时不能进行分、合闸操作。

2.5　移动变电站电气原理图及安装

由高压负荷开关、矿用隔爆型移动变电站用干式变压器、低压馈电开关组成的矿用隔爆型移动变电站电气原理图如图 3-13 所示。

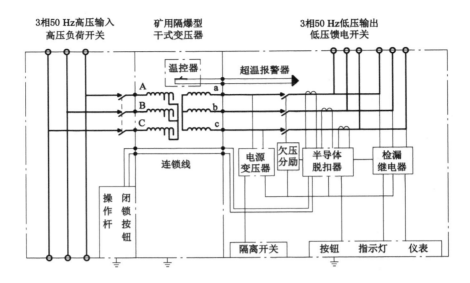

图 3-13　配高压负荷开关和低压馈电开关的移动变电站电气原理图

　　由高压真空开关、矿用隔爆型移动变电站用干式变压器、低压保护箱组成的矿用隔爆型移动变电站电气原理图如图 3-14 所示。

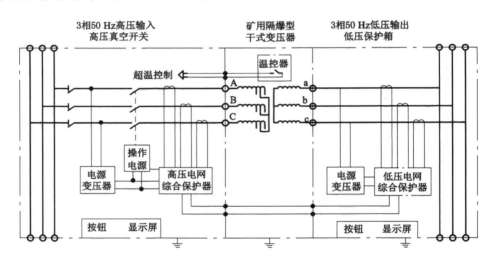

图 3-14　配高压真空开关和低压保护箱的移动变电站电气原理图

　　在干式变压器箱壳内部上层空腔设有温度监视器件(常开触点温控开关),C 级绝缘变压器装有 155 ℃温控开关,H 级绝缘变压器装有 125 ℃温控开关,B 级绝缘变压器装有 80 ℃温控开关。配高压负荷开关和低压馈电开关的移动变电站温控器控制线引入压馈电开关箱,末端可接 127 V、0.3 A 的声音报警器(用户自备);配高压真空开关和低压保护箱的移动变电站,则将温控器控制线引入高压真空开关,实现超温保护。变压器在正常运行时温控器不会动作,只有在过载运行或表面散热不正常情况下才能动作。当温控器报警或超温保护动作之后,必须查找过热原因,排除故障,并自然冷却到正常工作温度以下才能重新送电。

2.6　移动变电站安装及操作

在井下安装移动变电站时,将输入电源电缆接到高压开关接线柱上,输出电缆接到低压开关输出接线柱上,电缆接线端子与开关接线柱连接要牢固。开关的接线箱盖子螺栓必须拧紧,隔爆间隙必须合格。移动变电站必须可靠接地,主接地与辅助接地之间的距离要求大于 5 m。

先合高压负荷开关,然后将低压开关操作电源合闸。这时低压开关分闸指示灯亮,仪表照明灯亮,检漏单元闭锁指示灯亮,电压表指示变压器空载输出电压。按低压开关"复位"按钮,检测灯亮,允许合闸。按动低压开关"合闸"按钮,馈电开关合闸,分闸指示灯灭,合闸指示灯亮。需要分闸时,先断开低压馈电开关,后断开高压负荷开关。

高压为真空开关,低压为保护箱的移动变电站操作要领:高压隔离开关合闸,高压显示屏显示运行画面,低压保护箱显示屏有显示。按高压开关的"复位"按钮,按动低压保护箱的"复位"按钮,高压显示屏显示允许合闸,按"电合"按钮,高压真空断路器合闸,高低压显示屏显示电源状态。需要分闸时,按动高低压侧开关的"电分"或"手分(急停)"按钮的任何一个,则高压真空断路器迅速跳闸。

变压器的负载能力取决于高、低压绕组的负载能力。由于各种干式变压器选用绝缘材料、损耗水平、结构形式的不同,负载能力各不相同,还与变压器容量、过载之前负载系数、环境温度等诸多因素有关,不能简单地说成过载倍数多少或过载时间多长。任何过载运行,都会缩短变压器的使用寿命且容易导致变压器烧损。

2.7　常见故障及处理措施(表 3-10)

表 3-10　矿用隔爆型移动变电站常见故障及处理措施

故障现象	原因	处理措施
绝缘电阻低	在运输和储存中变压器受潮瓷套管表面潮湿或存在裂纹	1. 先擦拭高低压瓷套管表面 2. 对器身进行干燥
输出电压不正确	变压器高压调压端与输入电压可能不匹配	检查高压调压连接片的位置是否正确
变压器空载运行时温度异常	铁芯多点接地	抽出器身排除故障部位
变压器负载运行时温度异常	如果未超负荷运行,则绕组绝缘受损	抽出器身进行检查
变压器运行时噪声异常	各紧固处存在松动现象	抽出器身检查紧固
温控器不动作	多数情况连线断,偶有温控器件损坏	检查温控器件和连接线

第三节　JD 型调度绞车保养与维护

执行标准:《调度绞车》(GB/T 15113—2017)。

适用范围:作为煤矿井下及其他矿山场所调度矿车用,也就是作为井下车场编组或调度矿车,不得用于斜巷提升运输。

1 JD-1、JD-1.6 型

1.1 产品特点

JD-1 型、JD-1.6 型调度绞车的主要特点:设计合理,结构紧凑,操作方便,维修简易,使用范围广,安全可靠。

1.2 主要用途及适用范围

调度绞车主要作为矿井巷道中拖运矿车及从事其他辅助搬运工作的矿车,也可以作为回采工作面和掘进工作面装载站上调度编组矿车。使用过程中严禁提升或载人。

1.3 图号编制

$$JD——\square$$

J——绞车;

D——调度;

□——外层钢丝绳静张力(10 kN);

标记示例:JD-1,表示外层钢丝绳静张力为 10 kN 的调度绞车。

1.4 绞车所用滚动轴承及传动齿轮的主要技术参数(表 3-11)

表 3-11 绞车所用滚动轴承及传动齿轮的主要技术参数一览表

编号	安装部位	绞车型号					
		JD-1			JD-1.6		
		型号	尺寸/mm	件数	牌号	尺寸/mm	件数
1	滚筒左侧支承	2218	90×160×30	1	2224	120×215×40	1
2	内齿轮 2 的柄部	410	50×130×31	4	42315	75×160×37	4
3	行星齿轮 5 的内孔	306	30×72×19	4	308	40×90×23	4
4	行星齿轮的柄部	309	45×100×25	2	311	55×120×29	2
5	滚筒右侧支承	224	120×215×40	1	230	120×270×45	1

1.5 绞车的润滑

调度绞车的电动机端盖上的轴承及轴承支架中的轴承用Ⅲ号钙基润滑脂润滑,其余传动部位均以 2:7 配制的Ⅲ号钙基润滑脂和 30 号机油混合润滑脂,注入滚筒,其注油量为 2~2.5 kg。电动机转子轴承的油量不得超过轴承室容积的 2/3。

1.6 维护与修理

(1)维护

司机必须每日对绞车的各个部分认真保养,下班时清除赃物,工作前先进行检查或开空车试转,注意润滑状况是否良好,添加润滑油时不得使用脏的、不合格的润滑油,并经常注意温度升高是否正常。绞车出现故障时,不得勉强继续工作,应通知并协助检修人员定期对绞车进行安全检查,以防止故障及事故发生,并做好检修记录。

如果绞车长期搁置不用,应采取适当措施加以保护,以防锈蚀或损坏。

（2）修理

绞车必须有计划的小修、中修与大修。

绞车修理时，部分零件在下列情况下应给予更换。

① 石棉带；石棉带磨损的厚度大于 2 mm 时，应立即更换新石棉带，并用新铝（或铜）铆钉铆接。

② 轴承：绞车所有的轴承均按绞车的使用年限计算选用的，在正确装配和合理使用的条件下，仅需在大修时视情况更换轴承。

③ 齿轮：齿轮磨损后会使绞车运转的声响加大，效率降低，甚至使滚筒不能转动，应及时予以更换。

④ 其他零件如发现有过度磨损等缺陷，应立即更换。

⑤ 绞车油漆面上如有油漆剥落，应在修理时重新涂覆。

1.7 常见故障及处理措施（表 3-12）

表 3-12 JD-1、JD-6 型调度绞车常见故障及处理措施

故障现象	原因分析	处理措施
密封部位渗漏	1. 油封破损	更换油封
	2. 端盖螺栓松动	旋紧螺栓
运转不平衡，声音异常	1. 轴承损坏	更换轴承
	2. 齿轮破损	更换齿轮
	3. 绞车内混入异物	清除异物
	4. 电机发生故障	检修电机
刹车失灵	1. 超负荷工作	按额定负荷工作
	2. 制动闸带与制动轮之间落入油脂	清洗并擦干接触表面
	3. 制动闸带与制动轮之间的接触面积过小	调整接触面积不得大于80%
	4. 系统出现故障	查明并排除故障
电动机声音异常，转速降低或停转	1. 电机过载	按额定负荷工作
	2. 电压过低	移近供电变压器或加大电缆直径
绞车卷筒过度发热	1. 制动闸带过紧松不开	调整水平及垂直调整拉杆使松紧适中
	2. 连续工作过长	利用压风冷却

2 JD-2.5 型调度绞车

2.1 用途

JD-2.5 型调度绞车，可作为煤矿井下调度矿车或辅助牵引之用，也可用于矿山地面、冶金矿场或建筑工地等以进行调度和其他运输工作。

2.2 型号编制（图 3-15）

标记示例：外层钢丝绳最大静张力为 25 kN 的调度绞车标记为 JD-2.5。

警示语：本绞车严禁用于载人或提升。绞车所配的电机和电气设备，必须要有在有效期内的安标证。在电机启动时，严禁两个刹车装置同时刹车，以防电机烧毁和主机内部受

图 3-15　JD-2.5 型型号意义

损伤或其他意外事故发生。

2.3　绞车的润滑

为保证绞车安全运转和延长使用寿命,必须保证有充分良好的润滑。

(1) 本绞车选用 3 号复合钙基润滑脂,牌号为 ZFC-3H。

(2) 润滑脂必须干净,不准混有污物、灰尘及水等杂质。

(3) 润滑脂的工作温度不应超过 80 ℃。

2.4　维护与修理

(1) 维护

绞车投入生产后,正常的维护和检修是保证机器正常运转及安全生产的重要条件,也是提高绞车寿命的重要措施,司机和机修单位必须密切配合,做好维修工作。司机必须每日对绞车各部分认真保养,及时清除脏物,注意润滑是否良好,定期加注润滑脂,加油部位为:

① 电机端加油螺塞;

② 旋下挡盘螺栓,用油枪加注润滑脂;

③ 拆下轴承盖,加注润滑脂。

新绞车或大修后的绞车,在运转三个月后必须更换全部润滑脂,同时将零件清洗干净。

较长时间搁置不用的绞车应放在通风防潮的场所,裸露部位涂以防锈脂。

(2) 修理

绞车必须根据实际情况安排大修和小修,按实际使用时间累计,一般小修周期为半年,大修周期为 2 年。

小修内容:消除刹车故障,两刹车装置可对调使用,或更换石棉刹车带,更换或补充润滑脂。

大修内容:拆开全部零件,清洗干净,检查其磨损情况,更换或修改已磨损零件,更换润滑脂。

2.5　常见故障与处理措施(表 3-13)

表 3-13　JD-2.5 型调度绞车常见故障与处理措施

故障现象	原因分析	处理措施
开车时电机不转或发出叫声	载荷过大或接线不良	停止运转使电机反转卸载或检查接线
工作制动闸、离合器打滑	制动闸间隙过大	调整制动闸的间隙
机器跑动	安装不牢或地基不平	整理地板或重新安装

表 3-13(续)

故障现象	故障可能发生原因	故障处理
机器声音不正常	零件装配不正确,零件磨损过多或连接部分松动	停车检查
异常温升及响声	润滑油不足及卡阻	在该部位拆开检查

第四节　JYB 型运输绞车

执行标准:《运输绞车》(JB/T 9028—2012)。

适用范围:煤矿井下和其他矿山在倾角小于 30°的巷道运输物料和牵引矿车(具体倾角范围以绞车说明书为准,但必须小于 30°)。不适用于运载人员的绞车。

1　JYB-40×1.25、JYB-40×1.40 型运输绞车

1.1　用途

JYB 系列运输绞车主要适用于煤矿井下和作为其他矿山在倾角小于 30°的巷道牵引矿车。

1.2　工作条件

(1)绞车工作时,周围空气中的煤尘、甲烷爆炸性气体含量不应超过《煤矿安全规程》中规定的值。

(2)绞车应安装在空气温度为 0~40 ℃、相对湿度不大于 85%[环境温度为(20±5)℃]、海拔高度不超过 1 000 m 的机房内,应能防止液体浸入电器内部,在无剧烈振动、颠簸和无腐蚀性气体的环境中工作。

(3)当海拔高度超过 1 000 m 时,需要考虑空气冷却作用和介电强度的下降,选用的电气设备应根据制造厂和用户的协议进行设计或使用。

提示:

(1)该绞车严禁用于提升重物或载人运输。

(2)绞车所配的电机和电器设备,必须要有在有效期内的安标证。

(3)在电机开动时,严禁两个刹车装置同时刹车以防电机烧毁和主机内部受损伤或发生其他意外事故。

1.3　产品型号

绞车型号表示方法应符合《煤矿辅助运输设备型号编制方法》(MT/T 154.8—1996)的规定(图 3-16)。

示例 1:JYB-40×1.25 基准层上钢丝绳静张力为 40 kN,基准层上钢丝绳速度为 1.25 m/s 的隔爆型运输绞车。

示例 2:JYB-50×1.40 基准层上钢丝绳静张力为 50 kN,基准层上钢丝绳速度为 1.40 m/s 的非隔爆型运输绞车。

1.4　齿轮、滚动轴承规格(表 3-14)。

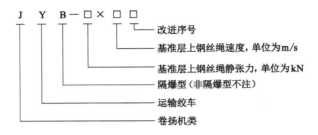

图 3-16 绞车型号表示方法

表 3-14 齿轮、滚动轴承规格一览表

序号	名称	JYB-40×1.25	JYB-50×1.40	数量	安装部位
1	电机齿轮	$m=3$ $z=40$		1	电机轴
2	轴齿轮或小中心轮	$m=3$ $z=40$ $m=4.5$ $z=16$	$m=3$ $z=40$ $m=4$ $z=14$	1	支撑套
3	小行星齿轮	$m=4.5$ $z=34$	$m=4$ $z=41$	3	小齿轮架
4	小内齿轮	$m=4.5$ $z=86$	$m=4$ $z=97$	1	卷筒
5	双联齿轮或大中心轮	$m=3$ $z=36$ $m=6$ $z=17$	$m=3$ $z=36$ $m=6$ $z=17$	1	小齿轮架
6	大行星齿轮	$m=6$ $z=27$	$m=6$ $z=29$	3	大齿轮架
7	大内齿轮	$m=6$ $z=73$	$m=6$ $z=75$	1	卷筒
8	滚子轴承	N217E(42217E)		2	支撑套
9	滚子轴承	NJ236		1	左支撑盘
10	滚子轴承	NJ308		6	小行星齿轮
11	球轴承	16038		1	大内齿轮
12	滚子轴承	NJ310E		6	大行星齿轮
13	球轴承	6232		1	右支撑盘
14	球轴承	6228		2	支架
15	内齿轮	（以下全为深度指示器传动系统） $m=3$ $z=325$		1	卷筒
16	直齿轮	$m=3$ $z=35$		1	轴
17	推力轴承	51206		1	丝杆
18	球轴承	6206		2	丝杆箱体
19	大锥齿轮	$m=2$ $z=37$		1	丝杆
20	小锥齿轮	$m=2$ $z=20$		1	轴
21	球轴承	6204		4	箱体
22	直齿轮	$m=3$ $z=60$		2	轴
23	直齿轮	$m=3$ $z=17$		1	轴
24	直齿轮	$m=3$ $z=17$		1	轴
25	球轴承	6205		2	箱体

1.5　润滑

（1）本绞车内部选用 HL-20 或 HL-30 齿轮油。轴承处选用 1 号或 2 号钙钠基脂。

（2）润滑油不准混有污物、灰尘及水等杂质。

（3）润滑油的工作温度不应超过 70 ℃。

1.6　维护与修理

（1）维护

① 新绞车在出厂前均已加有足量的润滑油（脂），不准再另多注油，以防油多溢出。

② 新绞车或大修后的绞车，在运转三个月后必须更换全部润滑油、脂，注油量不超过容腔的 1/3，同时将零件清洗干净。

③ 较长时间搁置不用的绞车应放在通风防潮的场所，裸露部分涂上防锈脂。

（2）修理

① 绞车必须根据实际情况安排小修和大修，按实际使用时间累计。一般小修周期为半年，大修周期为两年。

② 小修内容：消除刹车故障，并可将制动器的制动瓦对调使用，发现漏油后更换油封等。

③ 大修内容：拆开全部零件，将零件清洗后，检查其磨损程度，更换或修复已磨损的零件，更换各处润滑油，全面恢复绞车的工作能力。

1.7　常见故障及处理措施（表 3-15）

表 3-15　JYB-40×1.25、JYB-40×1.40 型运输绞车常见故障及处理措施

故障现象	原因分析	处理措施
开车时电机不转或发出叫声	载荷过大或接线不良	停止运转使电机反转卸载或检查接线
安全制动闸、工作制动闸、离合器打滑	制动闸间隙过大	调整制动闸的间隙
机器跑动	安装不牢或地基不平	整理地板或重新安装
机器声音不正常	零件装配不正确，零件磨损过多或连接部分松动	停车检查
异常温升及响声	润滑油不足及卡阻	拆开检查

2　JYB-60×1.25 型运输绞车

2.1　用途

JYB-60×1.25 型运输绞车主要适用于煤矿井下和作为其他矿山在倾角小于 30°的巷道牵引矿车。

警示语：

（1）该绞车严禁用于提升重物或载人运输。

（2）绞车所配的电机和电气设备，必须要有在有效期内的安标证。

（3）在电机开动时，严禁两个刹车装置同时刹车以防电机烧毁和主机内部受损伤或其他意外事故发生。

（4）绞车严禁超载和超速运行。

2.2 产品型号

绞车型号表示方法应符合《煤矿辅助运输设备型号编制方法》（MT/T 154.8—1996）的规定（图 3-17）。

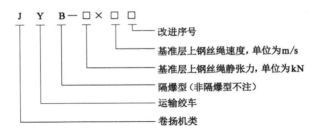

图 3-17 绞车型号表示方法

JYB-60×1.25：基准层上钢丝绳静张力为 60 kN，基准层上钢丝绳速度为 1.25 m/s 的隔爆型运输绞车。

2.3 传动系统中齿轮、滚动轴承规格（表 3-16）。

表 3-16 传动系统中齿轮、滚动轴承规格一览表

序号	名称	JYB-60×1.25	数量	安装部位
1	电机齿轮	$m=4$　$z=32$	1	电机轴
2	轴齿轮或小中心轮	$m=5$　$z=16$ $m=4$　$z=32$	1	支撑套
3	小行星齿轮	$m=5$　$z=37$	3	小齿轮架
4	小内齿轮	$m=5$　$z=92$	1	卷筒
5	双联齿轮或大中心轮	$m=4$　$z=36$ $m=7$　$z=18$	1	小齿轮架
6	大行星齿轮	$m=7$　$z=32$	3	大齿轮架
7	大内齿轮	$m=7$　$z=84$	1	卷筒
8	滚子轴承	N222E(42222)	2	支撑套
9	滚子轴承	NJ240	1	左支撑盘
10	滚子轴承	NJ309E	6	小行星齿轮
11	球轴承	61952	1	大内齿轮
12	滚子轴承	NJ312E	6	大行星齿轮
13	球轴承	6236	1	右支撑盘
14	球轴承	6230	2	支架
15	内齿轮	（以下全为深度指示器传动系统） $m=3$　$z=325$	1	卷筒
16	直齿轮	$m=3$　$z=35$	1	轴
17	推力轴承	51206	1	丝杆
18	球轴承	6206	2	丝杆箱体

表 3-16(续)

序号	名称	JYB-60×1.25	数量	安装部位
19	大锥齿轮	$m=2$　　$z=37$	1	丝杆
20	小锥齿轮	$m=2$　　$z=20$	1	轴
21	球轴承	6204	4	箱体
22	直齿轮	$m=3$　　$z=60$	2	轴
23	直齿轮	$m=3$　　$z=17$	1	轴
24	直齿轮	$m=3$　　$z=17$	1	轴
25	球轴承	6205	2	箱体

2.4　润滑

(1)本绞车内部选用 HL-20 或 HL-30 齿轮油。轴承处选用 1 号或 2 号钙钠基脂。

(2)润滑油不准混有污物、灰尘及水等杂质。

(3)润滑油的工作温度不应超过 70 ℃。

2.5　日常保养及维护

(1)日常保养

① 本绞车内部选用 HL-20 或 HL-30 齿轮油。轴承处选用 1 号或 2 号钙钠基脂。

② 润滑油不准混有污物、灰尘及水等杂质。

③ 润滑油的工作温度不应超过 70 ℃。

(2)维护

① 新绞车在出厂前均已加有足量的润滑油(脂),不准再另多注油,以防油多溢出。

② 新绞车或大修后的绞车,在运转 3 个月后必须更换全部润滑油、脂,注油量不超过容腔的 1/3,同时将零件清洗干净。

③ 较长时间搁置不用的绞车应放在通风防潮的场所,裸露部分涂脂以防锈。

2.6　修理

(1)绞车必须根据实际情况安排小修和大修,按实际使用时间累计。一般小修周期为半年,大修周期为两年。

(2)小修内容:消除刹车故障,并可将制动器的制动瓦对调使用,发现漏油后更换油封等。

(3)大修内容:拆开全部零件,将零件清洗后,检查其磨损程度,更换或修复已磨损的零件,更换各处润滑油,全面恢复绞车的工作能力。

2.7　常见故障及处理措施(表 3-17)

表 3-17　JYB-60×1.25 型运输绞车常见故障及处理措施

序号	故障现象	原因分析	处理措施
1	开车时电机不转或发出叫声	载荷过大或接线不良	停止运转使电机反转卸载或检查接线
2	安全制动闸、工作制动闸、离合器打滑	制动闸间隙过大	调整制动闸的间隙

表 3-17(续)

序号	故障现象	原因分析	处理措施
3	机器跑动	安装不牢或地基不平	整理地板或重新安装
4	机器声音不正常	零件装配不正确,零件磨损过多或连接部分松动	停车检查
5	异常温升及响声	润滑油不足及卡阻	拆开检查

第五节　JSDB 双速多用绞车

执行标准:《双速多用绞车》(MT/T 952—2005)。

适用范围:煤矿井下有煤尘或爆炸性气体环境中和可作为其他矿山在倾角小于 30°的工作面及巷道回收支柱或调度、牵引重物用的电动机驱动的双速多用绞车(以下简称绞车)。不适用于采用双速电机驱动的双速绞车。不适用于提升或载人用的绞车。

1　用途

JSDB 系列双速多用绞车主要适用于进行煤矿井下采煤工作面综采设备及各类机电设备的搬迁等辅助运输工作,也可用于进行煤矿井下采掘工作面、井底车场、上山下山、煤矿地面等处的矿车调度、物料运输等工作,还可用于回采工作面的回柱放顶。该绞车具有快速和慢速两种,可根据现场的需要变换速度和牵引力进行不同条件下的工作。

2　警示语

(1)严禁超载运行。

(2)严禁超速运行。

(3)严禁停电溜放。

(4)严禁用于载人或提升。

(5)绞车所配套的电器产品必须要有在有效期内的安标证。

(6)绞车运行时严禁换挡。

3　工作条件

3.1　绞车应在温度为−10~40 ℃、相对湿度不超过 95%(+25 ℃)、海拔高度不超过 1 000 m 的环境下工作。海拔高度超过 1 000 m 时,需要考虑空气冷却作用和介电强度的下降,选用的电气设备应根据制造厂和用户的协议进行设计或使用。

3.2　绞车用于煤矿井下时,周围空气中的煤尘、甲烷等爆炸性气体不得超过《煤矿安全规程》中所规定的安全含量。

4　型号的组成及其代表意义

本系列绞车有 JSDB-16,JSDB-19,表示双速多功能绞车,慢速时钢丝绳外层最大静张力分别为 160 kN、190 kN。绞车型号表示方法如图 3-18 所示。

5　结构特征与工作原理

5.1　绞车主要由电动机、联轴器、工作制动闸、减速箱、安全制动闸、连接罩、防护罩

图 3-18　绞车型号表示方法

上体、防护罩下体、卷筒、底座等组成。

5.2　绞车由电动机经带式制动轮的联轴器、减速箱,再经过一级开式齿轮传动传递到滚筒,绞车内部各转动部位均采用滚动轴承支承。底座由型钢焊接而成。减速箱是绞车的传动心脏,共有两种速度。

本绞车对称布置,呈长条形,便于绞车的搬移和固定。绞车宽度、高度较小,适于在煤矿井下空间窄小的条件下工作。绞车结构简单、紧凑:上下箱体为剖分式,装配、维修均很方便;采用常规机械传动,安全可靠。绞车的操作简单,只要配合制动手把、调速手把、启闭控制按钮开关即可方便使用。

6　技术特性

6.1　主要性能

本绞车具有快、慢两个速度挡位,慢速挡牵引力大,用于拉重负荷;快速挡速度快,用于回绳、拉空车等。挡位有自锁功能。制动分工作制动和应急安全制动,安全可靠。

6.2　主要参数(表 3-18)

表 3-18　JSDB 双速多用绞车主要参数

型号		JSDB-16	JSDB-19
慢速	外层最大静张力/kN	160	190
	内层最大静张力/kN	280	320
	平均静张力/kN	220	250
	传动比	205.92	238.88
	平均绳速/(m/s)	0.16	0.17
快速	外层最大静张力/KN	20	25
	传动比	25.69	34.81
	外层最大绳速/(m/s)	1.663	1.538
卷筒	直径/mm	540	545
	容绳量/m	300	400
钢丝绳	直径/mm	28	30
	结构	6(股数)×19(股中钢丝数)	
	公称抗拉强度/MPa	1 670	

表 3-18(续)

型号		JSDB-16	JSDB-19
电动机	型号	YBK₂250M-6	YBK2-280S-6
	功率/kW	37	45
	转速/(r/min)	970	990
外形尺寸(长×宽×高)/mm		3 626×1 074×1 147	3 825×1 074×1 187
工作制动闸		手动	手动
安全制动闸		自动	自动
质量/kg		5 800	6 800

7 故障分析与排除

绞车工作时可能发生的故障及排除方法见表 3-19。

表 3-19 绞车工作时可能发生的故障及排除方法

故障现象	原因分析	排除方法
开机时电机不转或发出叫声	载荷过大或接触不良	停止运转使电机反转卸载或检查接线
机器跳动	安装不牢或地基不平	整理地坪或重新安装
机器声音不正常	零件装配不正常,零件磨损过多或连接松动	停车检查、修整

8 保养、维修

8.1 绞车的润滑和密封

机器的润滑不但关系着机器的正常工作,而且直接影响机器的寿命,因此必须及时地更换和补充润滑油。润滑油的油质必须符合要求,不得混入灰尘、污物、铁屑及水等杂质。闭式齿轮传动润滑采用工业齿轮油 250 号(SY1172-77S)。减速箱内最高油面不超过大锥齿轮直径的三分之一,最低不低于大锥齿轮齿宽方向尺寸的三分之一。闭式减速箱内的轴承均为溅油润滑。

开式齿轮传动及支承其的滚动轴承均采用钙钠基脂润滑油(SY1403-77),各滚动轴承内加入的润滑脂加入量不得超过容量的三分之二,每隔 3~6 月应加油更换一次。

对于新的或大修后的绞车,在运行半个月后必须更换减速箱内的润滑油并进行清洗,以除去传动零件磨损的金属细屑。

减速箱剖分面及各密封面密封后均不允许漏油。拆卸后,重新安装时应在各密封面涂密封胶或水玻璃。

8.2 绞车的维护、拆卸和修理

(1)绞车的维护

① 绞车操作人员必须严格遵守操作规程。

② 绞车必须按规定及时加注润滑油。

③ 绞车如长时间搁置不用,必须选择干燥的地方存放,防止电器受潮,绞车的裸露部

分应涂保护油,各摩擦部分涂上润滑油。

④ 有关电机的维护可参照随机附带的《防爆异步电动机产品说明书》。

（2）绞车的拆卸

① 绞车的拆卸次序和装配相反,应先拆成部件,然后再拆卸各部件,拆卸时应先拆卸密封罩上罩后,再将卷筒装置、电机与底座的连接螺栓松开,并将这两个部分拆掉,然后再将减速箱从底座上拆掉。

② 减速箱的拆卸是先将上箱体上的调速装置部分的零件拆下,再将上箱体拆下,然后将齿轮轴、二轴、三轴、过桥轮轴各组件拆下,最后将所有零件拆下。

③ 拆卸绞车各部位时,应注意各部位的调整垫片的数量和厚度,以便在重新装配时保证绞车原有的装配精度,特别注意锥齿轮副的调整垫片不得任意增减。

④ 在拆卸绞车过程中,严禁硬打硬砸,必须小心进行,不得损坏零件或碰伤零件表面。

（3）绞车的修理

绞车应按照实际情况,有计划安排小修、中修、大修计划,绞车的修理周期、修理内容、修理场所根据《煤炭工业矿井设计规范》（GB 50215—2015）中的有关章节做如下规定：

① 小修:小修周期为 3 个月,一般在现场进行,主要调整更换钢丝绳和紧固连接件,并消除故障,补充或更换润滑油,清理绞车外表灰尘等。

② 中修:中修周期一般为 9 个月,中修一般在矿机厂进行,主要是全部拆开绞车各部分清洗后检查磨损程度,更换已磨损的零件,消除小修时不能消除的故障,更换机器各部分的润滑油,恢复绞车的工作能力至正常状况,中修后应进行试运行。

③ 大修:大修周期为 18 个月,大修一般在矿机厂进行,其主要内容是拆掉绞车全部零件清洗和检查所有零件,修复或用新零件替换已磨损的零件,完全恢复绞车的工作能力和正常状况。大修后应进行试运行,并重新油漆。

第六节　DSJ 型带式输送机

1　型号及含义

型号 DSJ80/40/2×75 的型号含义如图 3-19 所示。

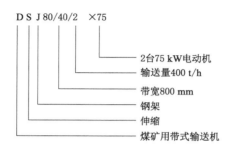

图 3-19　型号 DSJ80/40/2×75 的型号含义

2 保养内容

为了保证胶带的正常工作,每日最少要有 2~4 h 的集中检修维护时间。日常保养的内容包括:

(1) 必须保证胶带能正常运行,无卡、磨、偏(上带不出上托辊边缘,下带不摩架子)等不正常的现象,胶带的接头应平、直,无变形、撕裂,应有适中的张紧度(以空段输送机略带弧形为宜),无跑偏、打滑等。

(2) 按时清理巷道与机头、机尾的浮煤,保证胶带的上、下托辊与各滚筒齐全、有效、运转灵活。中间架之间应调平、校正、无开焊,连接梁的弯曲程度不得超过全长的 5‰。

(3) 胶带各零件部位齐全,各连接螺栓紧固、可靠。

(4) 减速器(温度不超过 80 ℃、油量不低于大齿轮的 1/3 且不高于 2/3)、液力耦合器、电动机(不超过 50 ℃)与各滚筒(占容量 2/3 的 3 号钙基润滑油,3 个月彻底更换一次)的温度正常,无异响。

(5) 减速器和液力耦合器无泄漏现象,油位正常,油量适中。

(6) 保证胶带张紧装置处于完好状态,无掉道,张紧绞车能在轨道上自由运动,能随时调节胶带的张紧度。

(7) 保证各部位清扫器能正常工作,清扫器与胶带的距离不大于 2 mm,并保证有足够的压力,接触长度应在胶带的 85% 以上。

(8) 保证各安全保护装置的灵活、可靠。

(9) 保证信号、电气设备、照明、电缆的完好。

3 胶带的常见故障与处理措施

3.1 跑偏的原因、预防与处理措施

(1) 滚筒和托辊安装不正,水平误差较大,主滚筒(直径尺寸偏差小于 1 mm)或机尾滚筒两头的直径不等。

提高检修质量,保证整个胶带中心线成一直线;调整滚筒和托辊;装置胶带防跑偏保护装置。

(2) 胶带的接头与中心线不垂直或胶带松弛。

重新连接胶带,要求达到平直。

(3) 装载点给煤位置不正,给料偏于胶带一侧,胶带两侧负荷相差较大。

调整搭接点,使其中心线与胶带中心线重合。

(4) 胶带下积煤过多,将胶带挤向一侧。

清理胶带下的浮煤。

(5) 拉紧装置调整不当。

调整拉紧装置。

(6) 巷道变形、底鼓造成机架不正、托辊歪斜。

调整机架。

3.2 胶带打滑原因、预防与处理措施

(1) 胶带淋水或水煤严重,导致主滚筒和胶带之间的摩擦力降低。

增设上胶带非工作面的清扫器。

（2）滚筒损坏、杂物缠绕或大量的托辊不转，造成胶带的负荷加大。

更换滚筒和托棍，控制给煤量，严禁超载运行。

（3）胶带在使用一段时间后因塑性变形伸长导致其张力不足。

按时调整胶带，保证胶带有足够的张力。

（4）满载停车后再启动时，胶带被煤压住。

停车前应拉空胶带上的煤。如遇到事故无法拉空煤时，应先清除胶带上的部分煤后再开车。

3.3　断带原因、预防与处理措施

（1）胶带打滑，主滚筒和胶带长时间摩擦或胶带的主滚筒和机尾滚筒带入异物。胶带打滑，应按打滑事故正确处理，不应"硬开"。

取出异物并检查清扫器是否能够正常工作。

（2）胶带长期使用，导致胶带磨损严重、老化。

加强检查，按时更换使用寿命期限和磨损超限的胶带。

（3）装载分布严重不均匀或严重超载。水煤冲击胶带；大块物料与铁器等卡住或冲击胶带。

装载要均匀，防止局部超载和偏载，严格控制水煤、大块物料与铁器到胶带上。

（4）胶带的接头质量低劣或胶带接头严重变形或损坏。

更换接头，重新连接胶带。

（5）胶带跑偏被机架卡住。

增加调偏托辊和防跑偏保护装置；发现胶带跑偏被机架卡住，应立即停机处理。

（6）胶带的张紧度过大。

经常检查和调整胶带的张紧度，胶带不应太松，也不应太紧。

3.4　减速器漏油原因、预防与处理措施

（1）轴端漏油：轴承和减速器内回油沟堵塞，毡垫和胶圈损坏或老化，导致密封失效。

疏通减速器的回油沟；更换毡垫与密封胶。

（2）轴承压盖螺丝孔、轴承压盖端面与减速器外壳结合面处漏油；轴承压盖螺丝不紧固或垫片损坏。

紧固轴承螺丝，更换损坏的垫片。

（3）减速器外壳对口平面处漏油；减速器外壳对口平面变形；对口螺丝连接不紧；密封胶损坏失效。

减速器外壳对口处采用耐油橡胶垫，紧固对口螺丝，重新更换密封胶。

（4）减速器注油孔盖与减速器外壳结合面处漏油；注油孔盖螺丝不紧固；垫片损坏；注油孔盖变形。

紧固注油孔盖螺丝，更换损坏的垫片；平整或更换注油孔盖。

（5）减速器外壳底部漏油：减速器外壳有破裂。

修补减速器外壳破损处；破损严重时，更换减速器外壳。

3.5　托棍不转的原因、预防与处理措施

（1）托辊与胶带不接触

整理胶带管架，使托辊与胶带接触。

（2）托辊外壳被煤泥埋住及托辊端面与支座摩擦

清除煤泥；校正摩擦部位的支座，使端面脱离接触。

（3）托辊密封不好，使煤泥等进入轴承而引起轴承卡死。

出井清洗或更换轴承，重新组装托辊。

3.6 减速器声音不正常的原因、预防与处理措施

（1）齿轮啮合不好

检查调整齿轮啮合情况。

（2）轴承或齿轮过度磨损

更换调整磨损严重的轴承、齿轮。

（3）减速器内油中有金属等杂物

清除减速器内油中的金属杂物。

（4）轴承间隙过大

调整轴承的间隙。

3.7 胶带纵向撕裂的原因、预防与处理措施

（1）胶带接头处有严重的变形和损坏

按时检查胶带的接头，对连接不好的接头要按时重新连接，更换撕裂的胶带。

（2）大物块或铁器卡住胶带

严禁大煤量与铁器上胶带，发现有东西卡住胶带要按时清除。

（3）胶带跑偏

增加调心托辊和防跑偏保护装置。

（4）杂物、煤、矸石卷入滚筒与胶带之间

按时取出杂物。

3.8 逆转飞车的原因、预防与处理

（1）超负荷运转

控制给煤量，严禁超负荷运转。

（2）闸的制动力矩不足或逆制装置失灵

调整闸的制动力矩，使其满足制动力矩要求。

（3）误操作，使转向相反

集中精神，认真按操作规程开车。

3.8.1 处理措施：

（1）检查电动机、减速器、联轴器与制动系统等部件是否损坏，若损坏，应按时处理。

（2）清除机尾的堆煤。

（3）调整闸轮（闸盘）与闸瓦的间隙。

（4）空载运转，倾听各部件有无异响。

（5）带少量负荷运转，倾听各部件有无异响。

（6）无误后，正常运转。

3.8.2　带式输送机安全保护装置及防护设施注意事项:

(1) 每部带式输送机至少安装一处防止打滑保护装置。防止打滑保护装置宜安装在输送机驱动部(导向滚筒上),磁铁与传感器的间距符合生产厂家要求。综掘后配套带式输送机防止打滑保护装置宜安装在机尾滚筒或导向滚筒上。

(2) 带式输送机机头、机尾5~20 m范围内安设一组防跑偏装置。带式输送机长度超过300 m时,中间段至少设置一组防跑偏开关。防跑偏装置应用专用托架固定在带式输送机机架或纵梁上,防跑偏装置的传动杆应与输送带带面垂直。

(3) 带式输送机每个受料点至少安装一组堆煤保护。综掘带式输送机机头、机尾受料点至少设置一组堆煤保护。带式输送机与煤仓直接搭接时,应在煤仓上口下方2~3 m处安装一组堆煤保护传感器;两部带式输送机转载搭接或带式输送机通过开口溜煤槽卸载时,堆煤保护传感器应吊挂在卸载滚筒前方,传感器触头水平位置应在落煤点的上方,距下部带式输送机上带面最高点距离不小于500 mm,且吊挂高度不高于挡煤板上沿;带式输送机通过闭口溜煤槽卸载时,堆煤保护传感器触头可安装在卸载滚筒侧前方,吊挂高度不应高于卸载滚筒下沿。

(4) 带式输送机每个受料点至少装设一组防撕裂保护,防撕裂保护距离落料点不得超过5 m。

(5) 带式输送机每个驱动滚筒处至少安装一个温度传感器。温度传感器安装在沿驱动滚筒中部(轴向),距滚筒表面10~15 mm,温度传感器要保持清洁,无影响正常工作的因素。

(6) 带式输送机烟雾报警传感器应安装在带式输送机驱动滚筒下风侧5~10 m处的输送机上方,安装时考虑巷道风速的影响,烟雾传感器应垂直吊挂,距离顶板大于300 mm,当输送机为多滚筒驱动时应以下风侧滚筒为基准。

(7) 带式输送机应在各个驱动单位分别安装1套超温自动洒水装置,洒水装置应与对应的温度保护传感器安装在同一个驱动滚筒上,应保证超温自动洒水装置的正常供水。带式输送机温度或烟雾保护任意一项保护试验动作时,同时启动自动洒水装置,洒水降温。超温自动洒水装置应布置在下风流侧的驱动滚筒与张紧改向滚筒之间,沿驱动滚筒轴向平行布置,距离滚筒表面300 mm处;超温自动洒水喷嘴应对准驱动滚筒表面,且能够覆盖全滚筒,喷嘴的喷洒方向在带面与驱动滚筒的脱离点至滚筒水平中心线之间。

(8) 在带式输送机行人侧每隔50 m至少设置一个沿线紧急停车并闭锁的拉线开关,拉线开关敷设位置应便于操作,并定期校验。

(9) 主运输巷道带式输送机应有张紧力下降保护;可伸缩带式输送机应有张紧力调节装置;固定式带式输送机应装有防止张紧小车跑车的防护绳。

(10) 在大于16°的倾斜井巷中使用带式输送机时,应当设置防护网,并采取防止物料下滑、滚落等安全措施。

(11) 机头、机尾、驱动滚筒和改向滚筒处,应当设防护栏和警示牌。行人跨越带式输送机处应当设过桥。行人过桥应有护栏和扶手。原则上不允许在胶带下方行人,确需在胶带下方行人时,应设置行人通道,并配置有效防护设施(上侧应用钢板封闭)。

3.8.3　检修项目：

小修项目：(1)输送带磨损量检查,对磨损超宽处进行修补;(2)减速器润滑油的补充与更换;(3)滚筒胶面磨损量检查,对损伤处进行修补;(4)检查滚筒焊接部位有无裂纹,如有则采取措施进行修补;(5)滚筒轴承润滑油的更换;(6)对磨损严重的清扫器刮板、托辊进行更换;(7)检查拉紧装置和安全保护装置,对失灵的必须更换。

大修项目：(1)对减速器进行逐项检查,拆卸、清洗和更换磨损严重的零件;(2)滚筒胶面磨损量检查,严重磨损应重新铸胶;(3)对滚筒轴承座、轴承检查清洗,有损坏则修理更换;(4)检查各类机架变形情况,焊缝有无裂纹,根据情况整形修复;(5)根据情况修补或更换输送带;(6)对电器控制和安全保护装置进行全面检查,更换元器件及失灵的保护装置。

润滑部位见表3-20。

表3-20　润滑部位

序号	润滑部位	润滑油牌号	补油周期	换油周期	加油量
1	滚筒轴承	ZL-2锂基润滑脂	半月/次		加油时挤出旧油
2	滑轮组	ZL-2锂基润滑脂	季度/次		
3	滑轮绳槽及钢丝绳表面	ZL-2锂基润滑脂	季度/次		
4	各转动销轴	HB-30机械油	每周/次		滴油
5	减速器	N220工业齿轮油 N320工业齿轮油		半年	
6	电机轴承	ZL-2锂基润滑脂		一年	

4　胶带的检修标准

4.1　滚筒无破裂,键不松动;胶面滚筒的胶层与滚筒表面紧密贴合,不得有脱层或裂口。

4.2　托辊齐全、转动灵活、无异响、无卡阻现象,定期注油,缓冲托辊表面胶层磨损量不得超过原厚度的1/2。

4.3　机头架、机尾架和拉紧装置无开焊和变形,机尾架滑靴应平整,连接紧固。

4.4　中间架平直无开焊,机架完整,固定可靠,无严重锈蚀。

4.5　输送带无破裂,横向裂口不得超过带宽的5%,保护层脱皮不超过0.3 m,中间纤维层破损面宽度不超过带宽的5%。

4.6　接头卡子牢固平整,接头处无裂口、碎边。

4.7　运行中输送带不打滑、不跑偏。上部输送带不超出滚筒和托辊边缘,下部输送带不磨机架。

4.8　牵引小车架无损伤、无变形,车轮在轨道上运行无异响,牵引绞车符合有关规定。

4.9　拉紧装置的调节余量不小于调节全行程的1/5,伸缩牵引小车行程不小于17 m。

4.10　制动装置各传动杆件灵活可靠,各销轴不松旷、不缺油。闸轮表面无油迹,液压系统不漏油。

4.11　松闸状态下,闸瓦间隙不大于 2 mm,制动时,闸瓦与闸轮紧密接触,有效接触面积不得小于 60%,制动可靠。

4.12　胶带必须装设防跑偏、防堆煤、防滑保护装置,还应装设超温、急停、撕裂、洒水等保护装置,各项保护装置齐全、灵敏、可靠。

4.13　两台以上带式输送机串接运行时,应设连锁装置。

4.14　信号装置必须声光兼备,清晰可靠。

第七节　D 型卧泵

1　外观检查

检查泵体有无裂纹等损坏情况,检查联轴器、窜水管、平衡水管是否齐全完好,并将泵体中段依次编号,用油漆标记,并测量泵体总尺寸供装配时参考。

2　拆卸

(1)拆除联轴器,将两端的轴承压盖拆除后,将两端紧固圆螺母拆除。

(2)将轴承、轴承支架依次拆下,将填料压盖拆下,钩出盘根,取下盘根轴套和水封环。

(3)拆除平衡盘、平衡板,将平衡水管和窜水管拆下。

(4)拆除泵体紧固螺栓,拆下出水段。

(5)拆下平衡轴套,取下叶轮和中段,然后依次拆下其他叶轮和中段,并按顺序摆放整齐。

3　检修

(1)首先将泵轴清理干净,检查有无磨损沟痕或键槽损坏的情况,有严重损坏的直接报废,如可继续使用需检查泵轴的弯曲度是否符合要求,如超差还需进行调直处理。

(2)检查进、出水段和各级中段、导叶的密封止口有无碰伤或变形,有无裂纹。

(3)检查各级口环和导叶套有无磨损超限现象,固定是否牢固可靠。

(4)检查各种轴套是否磨损超限,与轴的配合是否松旷,键槽是否变形。

(5)将可以使用的零部件打磨干净,分类摆放整齐;将需更换的新零部件校验外形尺寸,并检查相配合的部件,如轴与各轴套,叶轮与口环、导叶套,平衡轴套与平衡轴套之间的配合间隙是否符合要求,不符合的按要求予以调整或修配。

(6)将口环固定到位并用骑缝螺钉固定牢靠,将导叶与中段的流道清理干净并刷防锈漆,将导叶与中段、平衡套与出水段固定牢靠。

(7)轴承润滑油每工作 1 000 h 更换一次,环境温度低于 0 ℃的停机后应放出泵内余水,以免冻裂。

4　装配

(1)预组装:将叶轮、轴套依次装到校验合格的泵轴上,校对叶轮轴向累加距离误差符合装备图纸技术要求,并调整各叶轮的间距差符合要求,以保证叶轮流道与导叶流道相对应。

（2）将水泵进水段水平或垂直固定平稳，将首级叶轮固定在泵轴上，穿入进水段，定位牢固后装上中段，并装配牢固。

（3）将后面的叶轮及中段依次按要求组装，并保证装配到位。

（4）将出水段装配到位后再将泵体紧固螺栓装上，将水泵整体在平台上调平后，按对角紧固的原则依次对螺栓进行紧固。

（5）将平衡盘用轴套代替组装好转子，测量出水泵的轴向窜动量，对照标准予以调整，并根据窜动量调整平衡盘间隙。

（6）将尾盖、轴套、填料、填料压盖、轴承及轴承支架依次装好，加油，并将窜水管、平衡水管装上。

（7）将联轴器装上，配齐缓冲垫，组装到底盘上，组装电动机，并调整联轴器间隙至符合标准。

（8）检查和调整水泵与电机轴心线的重合度，两联轴器外圆的上下左右差值不超过 0.1 mm，两联轴器端面留间隙 4～7 mm，且圆周上的间隙差不超过 0.3 mm。

5　故障处理

常见故障及处理措施见表 3-21。

表 3-21　D 型卧泵常见故障及处理措施

故障现象	原因分析	处理措施
水泵不吸水，压力表指针剧烈摆动	1. 吸水管路系统存气或漏气	往泵内注满水，排除存漏气因素
	2. 吸水扬程过高	降低泵的吸水高度
	3. 底阀或叶轮堵塞	检查底阀及叶轮
	4. 转向不对	电机重新接线
压力表有压力，但不出水或流是很小	1. 转速不足	检查电源系统
	2. 密封环磨损严重	更换密封环
	3. 底阀、叶轮存杂物	拆检底阀及叶轮
	4. 出口管路阻力大	缩短管路或加大管径
	5. 装置扬程过大	重新选泵
水泵内部声音反常	1. 流量太大	减小出口闸阀的开度
	2. 所输送的液温过高	降低液温或加大吸入口压力
	3. 有空气渗入	检查吸入管路，堵塞漏气处
	4. 吸程太高	降低吸水高度
轴承过热，水泵振动	1. 没有油	注油
	2. 轴承轴向无间隙	轴承盖端面加纸垫调整
	3. 泵与电机轴线不重合	调整泵与电机的对中性

表 3-21(续)

故障现象	原因分析	处理措施
电机发热,功耗大	1. 填料压得过紧	适当放松填料压盖
	2. 流量太大	适应调小出口闸阀
平衡水中断、平衡室发热,电机功率增大	1. 平衡水管堵塞	检查并疏通平衡水管
	2. 水泵在大流量低扬程下运转	调小出口闸阀至设计工况运转
	3. 平衡盘与平衡环发生研磨	拆卸平衡盘进行检修

6　试验验收

(1) 验收首先手动盘车,观察转动部件是否转动灵活,有无卡滞或异常摩擦声音。

(2) 来回轴向撬动转子部件,检查联轴器间隙的变化是否符合标准。

(3) 闸与制动闸必须完整,灵活可靠,闸皮无断裂,闸带磨损余厚不少于 3 mm。

(4) 各部分连接销轴达到配合要求,且齐全、完整。

(5) 使用时轴承温度不应超过 75 ℃。

7　空载试运转时应达到的要求

(1) 传动平稳,无异常声音。

(2) 密封良好,无漏油和异常升温现象。

(3) 各紧固件及连接部分无松动现象。

第八节　煤矿用液压掘进钻车

正确维护、润滑和保养钻车,可使机器能长久使用和保持良好的工作状态,延长机件的使用寿命,增强机器的可靠性,减少故障和机械事故,充分发挥钻机的性能,提高工作效率。因此正确做好钻车的维护保养和润滑工作,具有非常重要的意义。

操纵前的检查:先将支腿支牢、稳定,然后对钻车进行检查。

(1) 软管:检查有没有流体渗漏,支承状况等。

(2) 油面:查看空压机油面、水泵油面、油箱油面、润滑油路油面等,必要时加油。

(3) 水管:检查或接通供水软管。

(4) 电缆:查看电缆并检查电缆接头情况。

(5) 钎杆和钎头:换下扭曲或损坏的钎杆,更换或重磨钎头。

(6) 后扶钎器:查看后扶钎器导向情况,有无卡阻。

(7) 钢丝绳:检查滑道内的钢丝绳及滑轮有无脱槽或损坏。

(8) 油嘴:润滑杆套和各种油嘴,检查端头螺母坚固情况。

(9) 软管和拖板润滑:检查并润滑软管滑轮和拖板滑动部分。

1 润滑用油（表 3-22）

表 3-22 润滑用油表

润滑部位或名称	使用润滑油种类
各黄油嘴推进导轨	锂基脂
液压油	46# 液压油
空压机	壳牌 A100 润滑油
气动三联件	壳牌 A100 润滑油

2 检查和保养的时间间隔表

（1）一级保养（日常保养：每天一次）

一级保养见表 3-23。

表 3-23 一级保养

停机完成保养项目	保养用品	日期	记时数
			每 20 h
		保养结果	
1. 钻车停机不动应无变形、无碰撞、管路无断裂		完好	
2. 油缸状态		有无变形和碰撞	
3. 软管保护套情况	是否磨损或开裂	左右臂完好	
4. 推进器软管刚性托管滑轨	锂基脂	左右推进器完好	
5. 各方位两端油缸销轴	锂基脂	两个臂完好	
6. 滑架回转油缸销轴	锂基脂	两个缸完好	
7. 支腿油缸销轴	锂基脂	4 个支腿油缸完好	
8. 各注油嘴有无脱落	M10×1 黄油嘴	完好	
9. 各转动支撑铰链处	锂基脂	灵活	
10. 推进油缸状况		伸缩情况	
11. 滑道表面状况		检查磨损和有无卡阻	
12. 后扶钎器		间隙	
13. 推进钢丝绳张紧力		松紧度	
14. 钢丝绳滑轮组润滑	锂基脂		
15. 软管卷轮	锂基脂		
16. 推进器凿岩机轨		检查间隙和磨损	

（2）二级保养（每周一次）

二级保养见表 3-24。

表 3-24　二级保养

停机完成保养项目	保养用品	日期	记时数
			每 150 h
		保养结果	
1. 钻车体： 机器外罩是否良好 焊接的油缸支架有无断裂 照明灯状态和固定 拧紧各螺栓 拧紧各液压接头 供水是否正常 空压机系统是否正常	活动扳手	各部件完好	
2. 检查空气滤清器		无堵塞	
3. 检查回油器和高压滤油器		无堵塞	
4. 更换空压机润滑油	壳牌 A100 油	油脂无变质	
5. 检查油面有无漏油,拧紧泵吸油口橡胶弯头卡箍	46 号抗磨液压油	油量够	
6. 润滑各操纵阀和手柄		灵活无卡阻	
7. 检查空压机的三角带传动情况	传送带	无老化、无松弛	
8. 检查前进后退履带有无漏油		无漏油点	
9. 马达有无漏油	重齿轮油	无漏油	
10. 检查液压系统压力是否正确	压力表	压力表完好	

（3）三级保养（每月一次）

三级保养见表 3-25。

表 3-25　三级保养

完成保养项目	实施保养	日期	记时数
			第 1 000 h
按部件进行保养	准备备件和要求	检查保养结果	
推进机构的保养 钻臂机构的保养 行走机构的保养 行走履带的保养	润滑油和润滑脂	所有机构活顺,无卡阻现象	
清洗液压系统包括油箱	如油脂变质则更换新液压油	液压油干净	
清洗回油和高压滤油器	清理过滤器滤芯或者更换	滤芯干净	
检查空压机	观察空压机油位	油脂干净	

3. 凿岩机的使用注意事项

（1）冲击压力一般为调动压力,是根据岩石硬度、推进的速度、回转速度来匹配的,每个工作面的地质条件不一样,须现场根据钻眼效率最佳的数据来确定与凿岩机匹配的相关参数。绝不允许压力低于 8 MPa,也不允许压力高于 16 MPa(一般不高于 13 MPa,岩石硬度过硬时可使用 16 MPa)。否则,凿岩机就会漏油。

(2)严禁空打。钻爆破孔,在定孔位时,采用旋转对位,定好位后,用十字头顶尖顶紧,开启凿岩机回转,再推进凿岩机开孔,待钻头进去后方可逐步推动逐步增压阀手柄,切记逐步增压阀由低到高推动,不可以一开始直接推至最高,如果一开始就推到最高,钻孔容易打歪,并导致钎尾容易开裂或断掉。

空打后果:一方面冲击轴密封环烧坏,从钎尾套处漏油,严重者液压马达壳体开裂。

表现形式:只要空打,钎尾套将损坏严重,凿岩机就会被损坏,出现漏油。

(3)保持雾化。凿岩机工作时内腔保持通风,时刻保持润滑状态,保证油杯经常滴油,每分钟 10～15 滴。滴油多不行,少了也不行,保证能被气雾化。

如果 1 个台班未滴油,将产生如下后果:凿岩机的轴承损坏,凿岩机机壳温度滚烫。

(4)钻孔时需要机手一直观察钻杆弯曲度是否超限,应及时懂得控制推进速度。

(5)每班都要拧紧凿岩机上的螺栓,松动易导致孔呈椭圆形,易使钎尾损坏。

(6)水压需控制在 0.8～1.2 MPa 范围内,水压不够会导致钻孔时渣石排渣不顺,容易卡钎。

(7)打眼时需要机手一直观察钻头处有无水渗出,如无水渗出说明钻头出水孔堵死了,应及时处理。

凿岩机每 500 h 保养内容见表 3-6。

表 3-26　凿岩机每 500 h 保养内容表

停机完成保养项目	保养用品	日期	记时数
			每 500 h
		保养结果	
1. 凿岩机转钎机构全套密封	转钎机构密封组件	无漏油、渗油	
2. 凿岩机冲击活塞全套密封	冲击活塞密封组件	无漏油、渗油	
3. 蓄能器隔膜检测凿岩机主要零件和更换	如超出可更换新件	如经检查已损坏,予以更换	
4. 活塞冲击面的磨损	如超出可更换新件	根据情况更换新件	
5. 检验钎尾最大伸出长度			
6. 检验钎尾最小尺寸			
7. 检测旁侧注水钎尾导向套磨损情况			
8. 检测钎尾花键套的磨损情况			

4. 常见故障及处理措施

液压系统在使用中一旦出现故障,可采用两种方法分析:一种是区域判断法,即根据故障现象及特征确定与该故障有关的区域,检测此区域内的元件情况,分析发生故障的原因。另一种是综合分析法,即对系统故障进行全面分析,找出根本原因。液压系统一旦出现故障,绝不是将所有的液压元件逐个打开检查,也不能漫无边际乱拆,要根据具体系统或元件,构思检查方法和路径,排除故障。

液压油是液压系统的工作介质,而液压系统的故障75%以上是液压油受污染造成的。液压油变质就意味着其安全丧失或者部分丧失了所应具有的特性,如黏度降低、防锈性能减弱及使用寿命缩短等。液压油变质的原因是多方面的,主要有氧化、污染和不同品种油液混合。对于混油,如在油液的使用中加强管理是可以避免的。液压油的污染有潜在、侵入二种方式。其原因是自制件中残存污染物,还有零件磨损产生的污染物和液压油发生物理化学变化的生成物及衍生物。

煤矿用液压掘进钻车常见故障及处理措施见表3-27。

表3-27 煤矿用液压掘进钻车常见故障及处理措施

故障现象	原因分析	处理措施
钻臂不能抬起或不能摆动	1. 升降液压缸套环密封损坏	更换密封圈或更换油缸
	2. 压力调节阀损坏	更换压力调节阀
	3. 调压阀压力设置得太低	调高压力
钻臂自己下降	1. 升降液压缸液压锁损坏	更换液压锁
	2. 控制阀不能完全回归中位	清洗或更换控制阀
液压凿岩机不工作	1. 高压管和回油管路颠倒	正确连接液压管路
	2. 凿岩机不会冲击	拆卸更换凿岩机配油阀
	3. 油箱中的液压油太少	补充液压油
钻孔效率太低	1. 压力或回油管路松动	拧紧压力或回油管路
	2. 过滤器或冷却器的通流阻力过大	检查、清洗或更换过滤器和冷却器
	3. 液压油压力过低	加注液压油
	4. 液压泵不能提供足够的压力油	检查液压泵是否泄流量过大,更换液压泵
	5. 液压泵磨损(检查压力和流量)	更换液压泵
	6. 调压阀损坏(检查压力)	清洗和修理调压阀或如果有必要进行更换
	7. 钻头钝了	更换钻头
	8. 冲洗流量太小	检查调整供水系统,并查看压力表压力
管接头漏油	管接头松动	重新拧紧管接头或换新的
工作温度过高	油箱中油太少	补充液压油
工作时有噪声(尖叫声、嘎嘎声)	液压系统中有空气	点动开机几次排除液压系统中的空气
不出油、输油量不足、压力上不去	1. 吸油管或过滤器堵塞	疏通管道,清洗过滤器,换新油
	2. 进油管连接处泄漏,混入空气,伴随噪声大	紧固各连接处螺钉,避免泄漏,严防空气混入
	3. 油液黏度太大或油液温升太低	正确选用油液,控制温度

表 3-27（续）

故障现象	原因分析	处理措施
噪声严重,压力波动厉害	1. 吸油管及过滤器堵塞或过滤器容量小	清洗过滤器使吸油管通畅,正确选用过滤器
	2. 泵与联轴节不同心	调整使之同心
	3. 油位低	加注液压油
	4. 油温低或黏度高	把油液加热到适当的温度
	5. 泵轴承损坏	检查(用手触感)泵轴承部分温升过高,换件处理
	6. 泵上的调节阀坏	更换调节阀
压力波动不稳定	1. 油液中混入空气	排除油中空气
	2. 五联阀阀芯有时堵塞	清理五联阀阀芯
	3. 弹簧变形或在滑阀中卡住,使滑阀移动困难或弹簧太软	更换弹簧
油缸动作不平稳	1. 控制压力过低	压力调高清洗
	2. 主阀芯卡死	
马达动作缓慢	1. 多路阀调压阀调得过小	多路阀调压阀压力调大
	2. 马达内泄严重	打开泄油管,泄油流量过大,更换马达
没有喷雾或者压力低	1. 来水压力不足	调整水压
	2. 供水入口过滤器堵塞	清理过滤器
	3. 供水量不足	调整水量
	4. 水路漏水	修复漏水部位
油没有雾化或者压力低	1. 外来气压力不足	调整气压
	2. 供气入口堵塞	清理入口
	3. 供气量不足	调整供气量
	4. 气路漏气	修复漏气部位
滑阀不能复位及在定位位置不能定位	1. 复位弹簧变形	更换复位弹簧
	2. 定位弹簧变形	更换定位弹簧
	3. 定位套磨损	更换定位套
	4. 阀体与滑阀之间不清洁	清洗
	5. 阀外操纵机构不灵	调整阀上操纵机构
	6. 连接螺栓拧得太紧,使阀体产生了变形	重新拧紧连接螺栓
外泄漏	1. 换向阀体两端 O 形密封圈损坏	更换 O 形密封圈
	2. 各阀体接触面之间 O 形密封圈损坏	更换 O 形密封圈
安全阀压力不稳定或压力调不上去	1. 调压弹簧变形	更换调压弹簧
	2. 提动阀磨损	更换提动阀
	3. 锁紧螺母松动	拧紧锁紧螺母
	4. 泵的工作性能差	检修泵
	5. 阀芯卡死	清洗

第九节　煤矿用挖掘式装载机

正确维护、润滑和保养煤矿用挖掘式装载机,可使机器保持良好的工作状态,延长机器的使用寿命,提高机器的可靠性,减少故障和机械事故,充分发挥耙装机的性能,提高其工作效率。因此正确地做好煤矿用挖掘式装载机的维护保养和润滑工作具有非常重要的意义。煤矿用挖掘式装载机型式表示方法如图 3-20 所示。

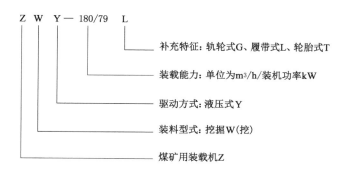

图 3-20　挖掘机型号表示方法

1. 使用与操作

(1)上机前的准备工作:

① 对操作司机进行培训,司机在上机前必须熟读本说明书,了解本机的结构、性能和工作原理,熟悉本机的操作方法和维护保养技术,背熟按钮箱各按钮的功能和位置,背熟操纵杆位置功能示意图,经考核合格后方可上机。

② 检查油位,正常的油位应在油标的上、下限之间,如果油量不足,应及时加油补充。液压油和容器必须保持清洁。

③ 检查各处销轴、紧固件、电气元件、电线电缆、液压元件、液压管路是否正常,如有异常应及时修复。

隔爆用:线路连接及设置在矿用隔爆型真空电磁启动器内。

(2)启动电机。

非隔爆用:按启动按钮启动油泵和电机。隔爆用:按下"启动"(绿色)按钮,开始操作;按下"停止"(红色)按钮,停止操作(图 3-21、图 3-22)。

(3)待 10 s 启动完成后才能带压力使用。停机 4 h 以上要让泵空运转 5~10 min 才能带压力工作。

(4)将运输槽铲板降至地面,具体操作如图 3-22 所示操作示意图。

(5)操纵机器向前推进,把石料聚拢,同时把地面推平。

(6)确认转载车辆进入本机的卸载部位后将手柄扳至输送正转。

(7)操纵先导阀依次让大臂抬起、小臂伸出、把铲斗放至与小臂约成一条线的位置,然后将大臂放下、小臂收回(同时使大臂上下微动),即可将石料推进运输槽。转动回转臂可在较大的范围内扒取,根据石料的远近适当收放铲斗将有利于扒取。在扒取过程中一

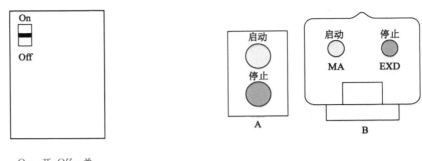

On—开；Off—关。

图 3-21 电源总开关

图 3-22 操作示意图

一般不应将各臂运动到极限位置，以避免经常过渡冲击，缩短机器的使用寿命，同时可避免因过载阀经常溢流而产生油温过高的现象。特别要注意，不准使铲斗直接撞击运输槽，否则将造成槽体严重变形。

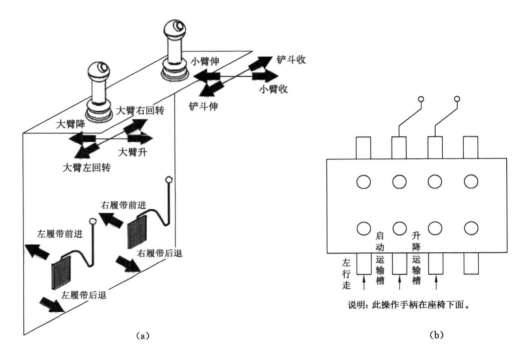

(a)

(b)

图 3-23 操作示意图

说明：此操作手柄在座椅下面。各操作功能可根据自己的喜好调整。

（8）在扒取过程中要经常留心刮板链是否正常输送，万一卡住，要及时停止输送，否则因过载，油温将迅速升高，则不能继续工作。解除卡链的方法：把输送正转操纵杆扳至中位，来回扳动输送操纵杆，使刮板链快速正反冲击，即可解除卡链。在运输槽内有石料的情况下切不可使输送操纵杆停在输送反转的位置，否则有可能崩断链条或刮板，严重影响生产。

（9）在行走过程中需要停止刹车时，将脚踏先导阀放在中位即可。如果长时间停止，需要将机头产板压住地面。

（10）装载机行走或倒车应启动电铃作为警示信号。

油缸操作理论：大臂、小臂、铲斗和回转油缸的运动是双向的，必须有足够的液压油控制油缸在两个方向上运动，通过激励油缸活塞的相应控制阀，液压油推动活塞朝运动方向移动。当液压油不够时，活塞停止运动。如果压力油进入另一端，油缸将向相反的方向运动。

2. 注意事项

（1）本机工作时，非操作人员和设备都不能靠近，以免发生事故。

（2）机器行走时地面要清除尺寸大于 250 mm 的硬物。

（3）机器行走时要及时收放电缆，收缆时要清掉电缆附近的人员，以免带倒，严禁挤压电缆。

（4）在爆破之前，机器应停在距离爆破点 50 m 以外处。

（5）机器停放时，最好使铲斗和小臂伸出轻轻碰到限位块、大臂放下至斗齿刚好碰到地面，运输槽降至最低位置（图 3-24）。其目的是让油缸密封件卸荷，尽量延长其使用寿命。

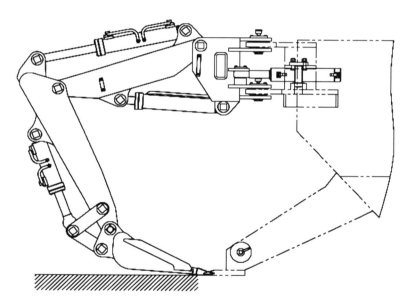

图 3-24　机器停放示意图

（6）机器上坡时最好倒着走，下坡时顺着走，以便用运输槽铲板制动。

（7）机器在斜坡上停放时，为防止其下滑，应在履带底下垫放三角木。

（8）机器停放时应关闭电源。

（9）停机 4 h 以上时要让泵空运转 5～10 min，才能带压力工作。

（10）冬季油箱内油温低于 25°时，先让泵空转，或采用其他许可升温方式，使油温达到许可运转条件，才能带压力工作。

（11）启动顺序：启动主泵和风机，10 s 后再使用。

（12）油箱内油温达到65°或回油温度达到80°时,应停机冷却。

（13）液压系统注意事项。

第一次在100工作小时（或1个月）后更换液压油;第二次在600工作小时（或6个月）后更换液压油;以后每次在600工作小时（或6个月）后更换液压油;无论什么条件下,每年至少应更换一次液压油。

更换液压油时应同时清洗或更换回油及吸油过滤器滤芯。回油和吸油过滤器均带有自封阀,拆开回油或吸油过滤器尾部端盖取出滤芯后,油箱内的油不会倒流出来;回油和吸油过滤器均带有旁通阀,可防止滤芯堵塞时油泵吸空,但必须及时清洗更换,否则将污染整个油路。

① 预启动检查

使用者或操作者的主要责任是在每天使用操作机器之前完成对机器的预启动检查。预启动检查的内容如下:

a. 应经常检查油面高度,若油面低于油标下限,要及时补充液压油。

b. 发现履带或刮板链太松时要及时调紧。

c. 应及时清除卡在链轨节中的坚硬物,以防止损坏履带。

② 时常发生的检查

时常发生的检查内容如下:

a. 应经常检查并拧紧机器各部位的螺栓、螺钉和螺母,着重拧紧履带板的连接螺栓、马达、泵、电机、阀体和各防转销的固定螺栓。

b. 应经常检查各液压元件和管路连接处,消除渗漏,及时更换已经损坏的密封件或破损较严重的高压软管。

c. 应经常检查油温,油温若太高,应暂停使用,检查出原因后及时消除隐患。

③ 定期的检查

a. 定期（每月一次）或在感到机器工作无力时检查并正确调节液压系统各油路的系统压力。

b. 液压油第一次在100工作小时后更换;第二次在工作600小时后更换;之后每600工作小时更换,但每年至少更换一次。液压油过滤器滤芯应同时清洗更换,还要将油箱清洗干净。

c. 连续使用半年后,应检查引导轮、链轮、链轨节和履带板,如果磨损严重,要及时更换。

④ 一级保养（日常保养:每天或每班次一次）

a. 清除履带式挖掘装载机零部件表面的泥土和油污,履带部分要及时冲洗。

b. 检查机身各紧固件是否松动,紧固松动件。

c. 检查液压油是否充足,是否有渗漏,及时查出原因并补充。

危险:检查液压管路的渗漏情况时,要等到工作装置降至地面,关闭电动机,系统内的压力释放后,才可以进行液压管路的维修工作。

d. 检查电控箱和电气线路有无异常、破损。

e. 检查回转装置是否灵活。

f. 检查各液压油缸是否伸缩自如,油缸是否有划痕,油管、接头有无渗漏。若有,应及时查明原因,并排除。

g. 检查各销轴部位是否灵活,在各油杯、销轴部位处加润滑油。主要销轴部位如图 3-25 所示。

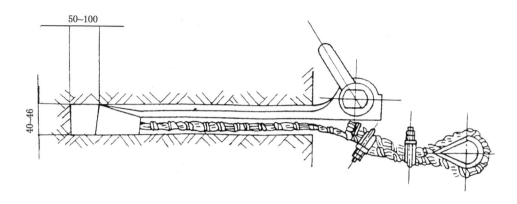

图 3-25 固定楔

h. 一天工作结束后应对整个履带部分进行必要的检查、清洗、维护。

警告:履带部分中央插入大石块、木块、铁丝等时,不要开动履带式挖掘装载机。若强行开动,这些大块杂物可能会导致机器严重损坏。

安全:当进行设备维护时,首先应该考虑人身安全。要知道零件的重量,不要试图在没有机械设备帮助的情况下搬运重物。不要将重物放在不稳定的位置。当设备工作时,确保有足够的空间,非工作人员和设备不能靠近,以免发生事故。

清洗:

a. 维持机器长寿命的最主要措施是保持干净和使外来的杂质远离关键部件。每天装载完成后应把机器清洗干净。最好在履带和刮板链上注一点废机油(也可以是更换下来的液压油),可以大幅度延长履带和链条的使用寿命。

b. 在拆卸油管的任何时候,需打扫干净附近,阻止杂质进入液压系统。

c. 在维修或维护期间,必须检查和清洗所有部件,确保所有的通道和管路都是没有障碍的。在安装前确保所有的零件都被清洗干净,新的配件必须保存在它的包装中,直到使用前才能拆封。

⑤ 二级保养(每周一次)

a. 完成日常保养的全部内容。

b. 检查并调整刮板链条的松紧度。

c. 检查各销轴的开口销、弹性挡圈。

d. 履带除履带板因磨损需要更换外,对履带的张紧程度还应进行必要的检查。如太松,在黄油枪上接上专用接头,向张紧油缸内注入黄油直到链轨张紧程度正常为止。如需要将履带松弛,应该谨慎地从逆时针方向松开黄油嘴,让张紧油缸释放润滑脂。

危险:调整履带张紧度时,禁止将头靠近检修口,因为在高压下,喷出的油脂有可能会导致受伤。

e. 检查履带板紧固螺栓,每周检查一次,如有松动,将其拧紧。

f. 检查行走马达与下架、行走马达与驱动轮的连接螺栓,确保没有松动。

⑥ 三级保养(每月一次)

a. 完成一级保养和二级保养的全部内容。

b. 新机必须第一次更换液压油,并彻底清洗液压油箱。更换液压油时,应检查液压油的脏污程度,来决定是否更换过滤器。同时需要清洗回油、吸油滤芯、散热器。

危险:严禁直接接触高温液压油及相连接的部件。

c. 检查油缸,更换磨损的密封件。

d. 检查电控箱内各接触器的吸合及保险的接触情况 。

⑦ 液压油正常更换周期

第一次在 100 工作小时(约 1 个月)后更换;

第二次在工作 600 小时(约 6 个月)后更换;

第三次及之后每 600 工作小时(约 6 个月)后更换。

如果液压油脂无任何变质,可以延长更换时间,但是无论在什么条件下,每年至少应更换一次。

⑧ 液压系统的注意事项

a. 保持系统干净。如果有证据显示在液压系统中存在金属和橡胶颗粒,清洗整个液压系统。

b. 在清洗干净的工作台面上,拆卸和安装机器零件。用不易燃烧的清洗液清洗所有的金属零件。

c. 阴沉色的油表示含有很高的水分,这会导致有机物的生长,导致氧化或腐蚀。如果产生这样的条件,系统必须排干,冲洗,重新加油。

e. 同种类的液压油混合是不可取的,因为它们不会有相同的添加剂或相当的黏度。好的等级油,其黏度适合周围的环境温度,建议机器使用这样的液压油。

⑨ 液压油的使用

液压油:一般情况下使用 46 号抗磨液压油;夏季根据最高温度确定使用的高温液压油。

如果是第一次加油,必须边操作机器边加液压油以便油能进入软管、油缸、马达、泵等液压元件。最终须加液压油到油标的中间位置。注:油箱内油温应控制在 25°～55°。

⑩ 行走马达维护与保养

a. 工作时如果发现系统压力有异常提高时,应停车检查。可检查液压马达的泄漏油是否正常,一般情况下,此液压马达负载工作时,泄油管漏出的油量每分钟不允许超过 1 L,如果有大量油泄漏,则说明液压马达已损坏需修理或更换,如液压马达完好,则应检查其他部件。

b. 运转过程中应经常检查传动装置和系统的工作情况,如发现异常的升温、泄漏、振动、噪声或压力异常脉动,应立即停车,查明原因并及时检修。

c. 应经常注意油箱的液面高度,液压油是否正常,如发现大量泡沫,应立即停车检查液压油系统吸油口是否漏气,回油口是否在油面以下,液压油是否进水乳化等。

d. 定期检查液压油的质量指标。如发现超出规定值,应更换新油。不允许采用不同类型的液压油混合使用,否则将影响液压传动装置的使用性能。更换液压油的周期视不同情况而异,可根据实际情况自行规定。

e. 行星齿轮箱,加入 $120^{\#}$ 齿轮油,应定期(根据不同工作情况每隔 $1\sim2$ 年)更换齿轮油。

f. 经常检查滤油器使用情况,做到定期清洗或更换。

g. 液压行走装置出现故障时,维护人员应对其检修。注意拆卸时马达上的接头一定要注意防止碰坏,拆卸的油管注意包扎好,防止污染物进入,污染液压油。

⑪ 整机常见故障与处理措施(表 3-28)

表 3-28　煤矿用挖掘式装载机整机常见故障与处理措施

故障现象	原因分析	处理措施
电动机启动不了或运转不正常	1. 电源缺一相或相序不正确	检查电源保证三相正常和相序正常
	2. 电压不足	测量电压,把电压调整正常
	3. 接触器损坏或电气线路有故障	修理、更换接触器,排除线路故障
	4. 微机保护烧坏	更换微机保护
无动作或动作缓慢无力	1. 电动机反转	将电动机转向纠正
	2. 联轴器损坏,油泵不转	更换联轴器
	3. 油泵损坏	更换油泵
	4. 液压系统压力偏低	将系统压力调整正确
	5. 吸入空气	检查吸油管路,更换密封件,排除渗漏
	6. 油面太低	加油至油标中位
	7. 吸油或回油滤芯堵塞	清洗或更换吸油或回油滤芯
	8. 油缸内有空气	把油缸接头处的软管拧松,来回运动排气
	9. 液压油不合格或黏度太高	按要求更换液压油
卡链	1. 刮板链条或链轮被硬物卡死	操纵刮板链迅速正反转把硬物挤出,必要时人工清除障碍物
	2. 链条调整太紧	将链条适当调松
行走、转向无力,或不能直线行走	1. 行走安全阀或过载阀压力偏低	清洗或调整行走安全阀和过载阀至正常压力,必要时更换调不上压力的阀
	2. 行走油马达损坏	修理或更换行走油马达
	3. 行走减速箱轴承或齿轮损坏	检查行走减速箱,修理或更换损坏件
渗漏	1. 接头松动	拧紧接头
	2. 密封垫或密封圈失效	更换垫圈
	3. 焊缝渗漏	补焊

⑫ 工作泵常见故障及处理措施(表 3-29)

表 3-29　工作泵常见故障及处理措施

故障现象	原因分析	处理措施
泵吸不上油或吸油不足	1. 油箱内油面过低	加油至油面规定高度
	2. 油的黏度过高	更换黏度适宜的油液
	3. 进油管太细、太长,阻力大	更换油管
	4. 进油管破损	更换油管
	5. 进油管法兰密封圈损坏	更换密封圈
	6. 进油管或滤网堵塞	清洗滤网,除去堵塞物
	7. 泵的旋转方向与发动机不符	改变泵的旋转方向
	8. 从自紧油封处吸入空气	更换损坏的油封
泵压力升不上去	1. 侧板磨损,轴向间隙过大,引起泄漏	更换侧板,清理堵塞污物
	2. 轴承处密封圈损坏	更换密封圈
	3. 自紧油封损坏	更换油封
	4. 液压阀的调整压力太低	重新调整压力
	5. 泵的旋转方向与发动机不符	调整旋转方向使之一致
	6. 压力表开关堵塞	清洗压力表开关
产生噪声	1. 吸油管或滤网局部堵塞	更换油管或清理吸油过滤器堵塞污物
	2. 吸油管路吸入空气	点动启动机组排除空气
	3. 油的黏度过高	更换新油
	4. 进油滤清器的通流面局部堵塞	更换滤清器或清理堵塞污物
	5. 泵轴和发动机轴不同心	调整同心度
严重发热	1. 密封环损坏引起内泄漏	检查更换密封环
	2. 调压太高、转速太快引起密封环、侧板烧坏	按规定将泵的压力调小,更换损坏件
产生外泄漏	1. 油液的黏度太低	更换黏度适宜的油液
	2. 出油口法兰密封不良	检查清洗污垢毛刺
	3. 紧固螺栓松动	拧紧螺钉
	4. 自紧油封损坏	更换油封
	5. 泵体与泵盖间的大密封圈损坏	更换密封圈

⑬ 行走和输送液压马达常见故障及处理措施(表 3-30)

表 3-30　行走和输送液压马达常见故障及处理措施

故障现象	原因分析	处理措施
输送马达不转或转动很慢	1. 输送刮板链卡死或负载大	清理刮板链上异物或清理刮板链
	2. 与马达相连的轴太长或与马达不同心	马达型号不匹配,更换与轴相匹配的马达
冲击声	1. 油中有空气	检查油路,找出进气点,并排出空气
	2. 油泵供油不连续或换向阀频繁换向	检查并消除油泵和换向阀故障
	3. 液压马达零件损坏	修理液压马达

表 3-30(续)

故障现象	原因分析	处理措施
液压马达壳体温升不正常	1. 油温太高	检查系统各元件,有无不正常故障,如各元件正常,则应加强油液冷却
	2. 液压马达效率低	检修或更换液压马达
泄油量大、马达转动无力	液压马达活塞环损坏	更换活塞环或更换马达
马达有外泄漏	密封圈损坏	更换密封圈
液压马达入口压力表有极不正常的颤动	1. 油中有空气	消除油中产生空气的因素,直到油箱回油处无气泡
	2. 液压马达有异常	检修液压马达

⑭ 液压系统常见故障及处理措施(表 3-31)

表 3-31　液压系统常见故障及处理措施

故障现象	原因分析	处理措施
系统压力不稳定	1. 油中有空气	排出空气
	2. 多路换向阀磨损	检查更换
	3. 液压油脏或油量不足	清洗或更换滤芯(液压油),加足油量
大臂、小臂及挖斗升降缓慢或不能动作	1. 液压油箱油面过低	添加液压油
	2. 液压油黏度过高	更换合适的液压油
	3. 液压油箱过滤网堵塞	清洗或更换滤芯
	4. 油泵吸气	检查泵进油油路,排除漏气
	5. 油泵损坏	更换油泵
	6. 溢流阀失灵	检修或更换溢流阀
	7. 液压缸密封圈磨损或损坏	检查更换液压缸密封件
	8. 多路换向阀磨损内泄	更换多路换向阀
大臂举升后自动降落	1. 液压缸密封圈磨损或损坏	检查更换液压缸密封
	2. 各软管、钢管接头处泄露,多路换向阀磨损	检查泄露原因,修复或更换
液压缸抖动爬行	1. 油位太低或系统内有空气	加油到合适位置或排气
	2. 活塞环支撑套或密封损坏及缸体磨损	检查修复或更换
	3. 活塞杆弯曲	拆开油缸进行检查修复或更换
多路换向阀操作不灵	1. 油温太高	检修液压系统及散热器、散热扇
	2. 系统太脏,阀杆被卡住	更换液压油,清洗液压系统
	3. 复位弹簧失效	更换弹簧

⑮ 高压齿轮泵常见故障及处理措施(表 3-32)

表 3-32 高压齿轮泵常见故障及处理措施

故障现象	原因分析	处理措施
泵不出油仍照常运转(此时必须立即停止运转)	1. 旋转方向相反	按规定改正旋转方向
	2. 泵不转动	轴未加键,联轴器松动
	3. 吸油管或吸油滤网堵塞	清理堵塞污物
	4. 油的黏度过高	更换油或用加热器预热至适当温度
	5. 油箱内油面过低	加油至吸油管完全浸没在油中
	6. 内部机构磨损	更换或修理内部零件
噪声大、压力波动大	1. 吸油管或吸油滤网堵塞	清理堵塞污物
	2. 泵不转动	变更管道布置或增大管道直径
	3. 吸油滤网容量不足	采用容量为使用流量 2 倍以上的滤网
	4. 油的黏度过高	换规定的油或用加热器预热
	5. 吸油法兰密封不良,有空气吸入	更换 O 形圈,拧紧螺钉
	6. 油封进入空气	更换油封
	7. 管路内有气泡	特别是封闭式系统,设计应保证能完全排除气泡
	8. 联轴器发出音响,泵轴与电动机的同轴度不好	重新调整或修理内部零件
	9. 泵的内部零件损坏或磨耗	更换或修理内部零件
	10. 泵内轴承损坏或磨耗	更换轴承

⑯ 履带常见的故障及处理措施(表 3-33)

表 3-33 履带常见的故障及处理措施

故障现象	原因分析	处理措施
传动装置不运转	无压力油或压力未达到使用要求	检查供油系统
行走装置走动无力或速度缓慢	1. 油泵出口压力过低	检查溢流阀、油泵,压力调高
	2. 油量不够	查出油泵供油不足的原因
	3. 马达泄漏量大	更换马达
传动装置爬行	1. 液压系统供油不稳定	检查系统
	2. 泄漏量不稳定	更换马达

第十节 PS7I 转子式混凝土喷射机

1. 型号及含义

标记示例如图 3-26 所示。

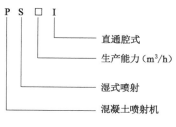

图 3-26　标记示例

PS7I：直通腔式除尘湿式混凝土喷射机，生产能力为 7 m³/h。

2．保养、维护

（1）结合板和转子衬板：

① 每班喷射前，要检查施加于橡胶结合板之间的压紧力，压紧力太小，会造成压力气流从结合面逸出。其携带的细微颗粒物进入密封面，会加剧橡胶结合板和转子体衬板的磨损，压紧力过大，会由于摩擦过热而造成橡胶结合板磨损加剧。结合板的耐热极限为 100 ℃，一般使用中应不超过 80 ℃。

② 每班作业完毕，在清洗机器的同时，特别要将结合板和转子衬板表面清洗干净，并检查结合板与转子衬板的磨损情况。

a. 结合板的磨损程度以板上的钢质的镶嵌件顶面与橡胶表面的距离为衡量尺度。如镶嵌件与橡胶表面平齐，结合板就必须更换。因为此时转子衬板会直接和镶嵌件刚性接触，使两板面间无法充分压紧而获得有效的密封。

b. 转子衬板表面不得有较深的划痕，划痕深度超过 1 mm 时就需要重新修磨，衬板过料孔的边沿必须保持尖锐的棱边。如果棱边被斜切，工作时细微的颗粒物会渗入密封板与衬板的结合面，造成密封板磨损加剧，从而缩短其使用寿命。因此，应及时修磨转子衬板。

（2）转子体料腔和出料锥管采用防黏结材料制成，一般情况下不会黏结，但是每班结束后应打开转子体和出料椎管检查，一旦有物料沉积，应予以清理。

（3）主传动变速箱：

① 每班工作后应及时清理表面粘附的混合料等杂物。

② 每班开机前检查变速箱内油位，不足时应及时补充。

③ 变速箱工作时，温升不得大于 65 ℃，不应有异常振动或噪声，否则应进行检查和维修。

（4）集尘器：及时清除集尘器底部粉尘及残余灰砂料，以免堵塞料腔余气下溢气口。

（5）滤袋和消音器：除尘系统风阻增大，负压值降低时，检查滤袋和消音器，及时清理或更换。消音器滤布每半月清理一次。

（6）积尘箱：积尘箱粉尘积存厚度不得超过 100 mm。

3. 常见故障及处理措施(表 3-34)

表 3-34　PS7I 转子式混凝土喷射机常见故障及处理措施

故障现象	原因分析	处理措施
主电机不转	1. 主线路不通	电工处理
	2. 压紧装置过紧	松动压紧装置
主电机旋转,转子不转	1. 齿轮损坏	检查更换齿轮
	2. 转子体方轴孔损坏	更换转子体
转子转向与箭头方向相反	电源相位接错	电源线输入电源调相
结合板与转子之间漏风	1. 压紧装置压力小或某点压紧力不适当	检查并调整压紧装置
	2. 密封面夹有异物	清除异物重新压紧
	3. 转子衬板擦伤	检查转子衬板,若已有沟槽,应重新研磨或更新板
机器喷射能力降低	1. 物料黏结堵塞转子料腔	清理转子料腔
	2. 气路压力损失过大	检查气路阀门或管路是否有卡阻现象
	3. 料斗下料不畅	检查料斗振动环节是否有故障
输料管震动加剧	1. 输送气流压力太低	检查风源和供风量,减少上料量
	2. 输送管路有物料沉积	清吹输送管路,加大输送管弯曲处的曲率半径
回弹率高	1. 骨料级配不适当	检查骨料级配,必要时加以调整
	2. 喷射距离太小或太大	调整喷口到受喷面距离至适当位置,一般约 1 m
	3. 喷射角度不正确	调整喷射角度使料流中线与受喷面相垂直
除尘系统负压值下降	1. 射流器供气阀损坏,供风管路漏风	更换射流器供气阀门,紧固管路连接部位或更换破损的供风胶管
	2. 集尘器底部小门未关好	关好小门
	3. 滤袋或消音器过脏,黏附粉尘太多,风阻过大	开启振动清理工作 2 min 以上,效果不明显时打开积尘箱箱门,打开风压清理阀门,运行 10 s,风压清理连续 3 次,效果仍不明显,检查消音器滤布,对消音器和滤袋滤布人工清理或更换
	4. 振动清理或风压清理因管路漏风进入积尘箱	检修漏风部位
	5. 积尘罩上下密封不严	压紧或更换密封胶条
	6. 粉尘输送管路集尘器各连接部位未连好	检查密封脚垫、胶套等密封件,拧紧连接部位
	7. 积尘箱箱门未关严	关紧箱门或更换密封条
	8. 转子板与转子间漏风	更换转子板
	9. 旋流器喷砂胶管堵塞	疏通堵塞部位
喂料口脉冲式漏风,物料上翻	余气上下溢气口堵塞	清理溢气口黏附的灰砂
速凝剂不下料	振动连板螺丝松动	拧紧连板螺丝,保持刚性连接

4　喷浆机的检修标准

（1）喷射完毕，清除上座体料腔、料斗内的余料，用风吹净旋转体料杯中的残留物。

（2）要经常检查调整橡胶清扫器，橡胶厚度不小于 7 mm。

（3）每周应给旋转体下部的平面轴加油，每月对机器小修。

（4）电控各线路接点必须连接牢固，无漏电现象。

（5）橡胶密板的夹紧力要适度，先用手搬动夹紧装置杆上的螺母，初步压紧。然后再使用扳手紧 2～3 圈，直到密封板不漏气为止。

第十一节　耙斗式装岩机

1　日常维修

（1）每天检查各连接螺丝有无松动，钢丝绳接头是否牢固可靠，各部件有无损坏及不灵活现象，发现后应予以更换修理。

（2）经常检查钢丝绳的磨损情况，钢丝绳严重断裂时应及时更换。

（3）检查电源有无破损，电机接地是否良好。

（4）电工接线后应检查电动机的转向是否正确。工作时，从减速器一侧看，滚筒为逆时针转动。

（5）每月对各绳轮轴承加注黄油一次，每三个月对绞车减速器加 90～150 号工业齿轮油一次，每星期对轴承加黄油一次，对绞车行星齿轮加注 SYB1103-62 复用齿轮油一次，用油枪压入，注入位置见图 3-27，并经常检查卷筒部分发热情况。

（6）定时检查减速箱内存油数量，存油不足时应补充。

（7）经常注意制动闸带及辅助刹车带的松紧程度是否合适，绞车转动是否灵活，工作是否可靠，如发现内齿轮抱不住或脱不开时，应调节闸带的调节螺栓，使之合适。

（8）每星期检查一次各连接螺栓有无松动及失落，对松动件予以拧紧，并补上遗失件。

2　中修

绞车连续使用 6 个月，中修一次，并对检修情况做好记录。

（1）拆洗绞车双滚筒，更换全部润滑脂，更换磨损的滚动轴承。

（2）检查绞车齿轮的磨损情况及行星轮和减速器的小齿轮的齿厚。磨损量超过 1 mm 时就必须更换。

（3）更换磨损的轴承，加润滑脂，检查绞车闸带和辅助刹车，磨损到 2.5 mm 厚度时应更换。

（4）检修后应对绞车进行 2 h 空运转，并检查操作装置，各个弹簧头动作是否灵活。

3　大修

（1）对绞车进行全面解体检查，更换磨损的所有零部件。

（2）对操作系统、弹簧碰头以及电机控制部分进行彻底检修，并严格按照大修标准组织验收。

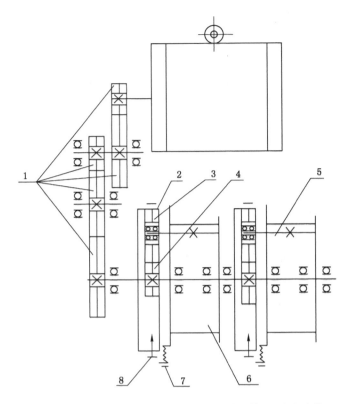

1—减速器齿轮;2—内齿轮;3—行星齿轮;4—中心轮;5—空程滚筒;

6—工作滚筒;7—辅助刹车;8—制动闸带。

图 3-27　绞车结构图

（3）除锈、除尘、重新上漆。

4　常见故障及处理措施（表 3-35）

表 3-35　耙斗式装岩机常见故障及处理措施

故障现象	原因分析	处理措施
电机声音异常,转速降低或停转	1. 电机超负荷	停止运转,消除超负荷原因
	2. 耙斗被卡主,电动机超负荷	停止耙运,倒退耙斗再耙
	3. 电压降过大	移近供电变压器或加大电缆直径
钢丝绳拉断或脱落	1. 钢丝绳磨损严重而断掉	整理钢丝绳
	2. 电动机反转	检查电动机转向
	3. 钢丝绳未夹牢	调整辅助刹车弹簧
绞车闸轮过度发热	1. 连续运转时间过高	间歇工作
	2. 刹车带太松致使刹车时未能紧紧抱闸	调整刹车带的调节螺母
	3. 制动闸带与内齿轮之间有油渍	停止工作,清理刹车带与闸轮表面的油渍或更换车带

表 3-35（续）

故障现象	原因分析	处理措施
刹车时手柄操作费力	1. 操作系统的转轴和连杆受阻	清理障碍物
	2. 刹车带调节螺栓太松	拧紧调节螺栓
	3. 制动闸带与内齿轮之间有油渍	清除油渍
绞车工作时导向轮、尾轮不转	1. 轴承已无润滑油	用油枪压入黄油
	2. 轮缘处有杂物卡住	清除卡住的东西

耙斗装岩机工作示意图如图 3-28 所示。

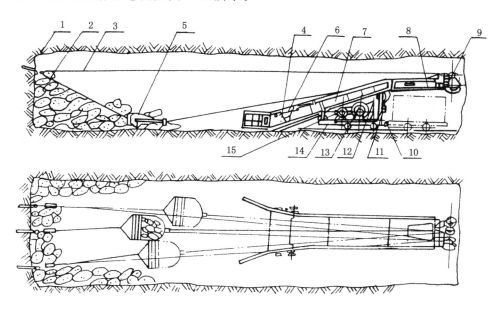

1—固定楔；2—尾轮；3—钢丝绳；4—进料槽；5—耙斗；6—升降装置；7—中间槽；
8—卸载槽；9—导向轮；10—风动推车缸；11—托轮；12—操纵机构；13—绞车；14—台车；15—电气部分。

图 3-28　耙斗装岩机工作示意图

6　易损件明细（表 3-36）

表 3-36　P90（B）易损件明细

序号	图号	备件名称	数量	所属部件
1	CJP050104-3	小齿轮	1	减速器
2	GCJP050202	制动闸带	2	制动器
3	CJP0503-3	行星轮	3	工作滚筒
4	CJP0503-5	中心轮齿	1	工作滚筒
5	CJP0504-6	行星轮	3	空程滚筒
6	CJP0504-2	中心轮	1	空程滚筒
7	CJP0502	闸带	2	辅助刹车

表 3-36（续）

序号	图号	备件名称	数量	所属部件
8	GB9877-58	油封	6	工作/空程滚筒
9	CJP0503-6	内齿轮	1	工作/空程滚筒
10	CJP18	尾轮	2	
11	CJP18-5	耙齿	2	耙斗

7　滚动轴承明细表（表 3-37）

表 3-37　P90（B）滚动轴承明细

序号	名称	规格	标准号	数量（套）	所属部件
1	轴承	2222	GB/T 283—2021	1	变速箱
2	轴承	60222	GB/T 278—89	1	变速箱
3	轴承	222	GB/T 276—2013	4	工作、空程滚筒各 2 套
4	轴承	226	GB/T 276—2013	4	工作、空程滚筒各 2 套
5	轴承	12311	GB/T 283—2021	6	工作滚筒
6	轴承	12308	GB/T 283—2021	6	空程滚筒
7	轴承	410	GB/T 276—2013	4	变速箱
8	轴承	312	GB/T 276—2013	1	电机齿轮

8　耙斗机的检修标准

8.1　机体

① 行走灵活，卡轨器牢固可靠。

② 工作中机架不晃动，无异响。

③ 耙斗机中间槽的两侧必须加护网，防止碎矸伤人。

④ 耙斗机料槽部分必须加上护绳网，防止钢丝绳弹起伤人。

8.2　牵引绞车

① 滚筒无裂纹，钢丝绳固定牢靠，且留在滚筒上至少有 3 圈。

② 制动闸动作灵活可靠。

③ 闸带无断裂，磨损余厚不小于 3 mm。

④ 导绳轮完整齐全，转动灵活，磨损深度不超过导绳壁厚的 2/3。

8.3　耙斗、钢丝绳

① 耙斗无裂纹，无掉齿，齿长磨损不超过 50%。

② 钢丝绳每捻距断丝数不超过 25%。

③ 钢丝绳与耙斗固定牢靠，工作中不磨导料槽。

8.4　导料槽

① 导料槽升降灵活，侧板及连接销齐全。

② 导料槽无严重变形、无磨损、不漏矸。

③ 支撑杆伸缩灵活,支撑可靠。

④ 防护栏齐全。

8.5 导绳轮(尾轮)

① 导绳轮无破损,转动灵活,固定可靠,不晃动。

② 有防止钢丝绳出槽的可靠装置。

第十二节　80DGL-75 型吊泵

1 型号的意义

80——泵的进、出水口直径,mm;

DGL——多级立式吊泵;

75——单级扬程,m。

2 运行及维护保养

(1) 开车前应加足上部轴承中的黄油,定期往下部轴承注油。

(2) 当浑水的比重超过 1.15、浓度超过 25% 时,应用抓岩机和吊桶清底。

(3) 在使用底阀时,液面至泵第一级叶轮间的距离不得大于 5 m,以防止泵吸真空而造成泵与电机的损坏。

(4) 泵正常运行时严禁开全闸阀,否则会使电机超负荷运行,一般把流量控制在 55 m^3/h 为最佳运行状态。

(5) 经常检查电机冷却水系统是否畅通,定期清理电机冷却套内的污垢。

(6) 经常检查泵平衡室的压力,当压力超过 1 MPa 时,应停泵检修,否则极易造成泵上部轴承损坏。

(7) 注意电机和泵的轴承温度,不可超过外界温度 35 ℃,最高温度不高于 75 ℃。

(8) 运转过程中,如发生异常声响,应立即停车检查原因。

(9) 定期把吊桶提升至地面,清理其底部的沉积物。

(10) 停泵时间较长时,应定期打开引水管上的截止阀,防止泥沙堵塞引水管。

3 常见故障及处理措施(表 3-38)

表 3-38 80DGL-75 型吊泵常见故障及处理措施

故障现象	原因分析	处理措施
水泵不吸水	灌入泵腔内的引水不够;吸水管漏气;吸水高度太高;转向不对	灌入引水;检修吸水管路;降低吸水高度;按泵上的转向牌检查泵的转向
压力表有压力,泵不上水	出水管阻力大;叶轮或底阀堵塞;转向不对或转速不够	检查或更换出水管;拆泵清洗叶轮及底阀;检查电机及电控设备
流量或扬程低于设计要求	泵腔流道内有异物堵塞;泵内相对摩擦的部位间隙过大;转速不够	拆泵检修,清理流道;更换易损件;检查电机及电路

表 3-38(续)

故障现象	原因分析	处理措施
消耗功率过大	填料压得太紧(填料室发热),流量过大。转子上的零件有偏磨现象	拧松填料压盖,保证填料处有每分钟 60 滴的滴漏;关小泵的闸门;检修水泵
有异常声响	吸水管阻力大;吸水高度太高;吸水管有空气渗入;轴承损坏	检修吸水管及底阀;降低吸水高度;检修水泵
下轴承损坏	缺油;密封系统损坏;油质不干净	定期向下轴承内加油;定期拆检下轴承密封系统
上轴承损坏	缺油;油脂不干净;平衡室压力过大(超过 1 MPa)	每班开车前向轴承室内注油;拆检水泵,更换已磨损的零件
转子部件被抱住	轴承损坏;水桶内无水环真空泵	拆检水泵;吊泵司机加强责任心,随时观察吸水水位的下降情况
泵振动	泵轴弯曲;叶轮不平衡	调直泵轴;检查每个叶轮的静平衡(不平衡质量允许差 5 g)
电机发热	线路电压太低,超负荷(流量大,泵磨损过大或轴承损坏)冷却系统被堵塞;轴承缺油	调整电压;检修水泵;清理电机水冷系统;定期给轴承加油

4 水泵的检修标准

4.1 机座及泵体

(1) 40 kW 以上水泵安装时,机座纵向、横向的水平度均不得大于 0.5‰。

(2) 多级泵泵体由各段的止口定心。止口内外圆对轴线径向圆跳动及端面圆跳动,不大于表 3-39 中的规定值。

表 3-39 止口内外圆跳动 单位:mm

止口直径	<250	>250~500	>500~800	>800~1 250	>1 250~2 000
圆跳动	0.05	0.06	0.08	0.10	0.12

(3) 止口内外圆配合面粗糙度不大于 1.6 μm。

(4) 泵体水压试验的压力为工作压力的 1.5 倍,持续时间为 5 min,不得渗漏。

4.2 轴

(1) 水泵轴不得有下列缺陷:

① 轴颈磨损出现沟痕或圆度、圆柱度超过规定。

② 轴表面被冲刷出现沟、坑。

③ 键槽磨损或被冲蚀严重。

④ 轴的直线度超过大口环内径与叶轮入口外径规定间隙宽度的 1/3。

（2）大修后的水泵轴应符合下列要求：

① 轴颈的径向圆跳动不超过表 3-40 中的规定值。

表 3-40 径向圆跳动　　　　　　　　　　　　单位：mm

轴的直径	≤18	>18～30	>30～50	>50～120	>120～260
径向圆跳动	0.04	0.05	0.06	0.08	0.10

② 轴颈及安装叶轮处的表面粗糙度不大于 0.8 μm。

③ 键槽中心与轴的轴心线的平行度不大于 0.3‰，偏移不大于 0.06 mm。

4.3 叶轮

（1）叶轮不得有下列缺陷：

① 表面裂纹。

② 因冲刷、侵蚀或磨损而使前、后盖板变薄，以至于影响强度。

③ 入口处磨损超过原厚度的 40%。

（2）新更换的叶轮应满足下列要求：

① 叶轮轴孔轴心线与叶轮入水口处外圆轴心线的同轴度、叶轮端面圆跳动及叶轮轮毂两端平行度均不大于表 3-41 中的规定值。

表 3-41 叶轮三项形位公差

叶轮轴孔直径/mm	≤18	>18～30	>30～50	>50～120	>120～260
公差值	0.02	0.025	0.03	0.04	0.05

② 键槽中心线与轴孔轴心线平行度不大于 0.3‰，偏移不大于 0.06 mm。

③ 叶轮前后盖板外表面粗糙度不大于 0.8，轴孔及安装口环处的表面粗糙度不大于 1.6 μm。

④ 叶轮流道应清除砂子及毛刺，光滑平整。

（3）新制叶轮必须做静平衡试验，以消除其不平衡重量，静平衡允差见表 3-42。用切削盖板方法调整平衡时其切削量不得超过盖板厚度的 1/3。

表 3-42 叶轮静平衡允差

叶轮外径/mm	≤200	>200～300	>300～400	>400～500	>500～700	>700～900
静平衡允差/g	3	5	8	10	15	20

4.4 大、小口环

（1）铸铁制的大、小口环不得有裂纹。与叶轮入口或与轴套的径向间隙宽度不得超过表 3-43 中的规定值。

表 3-43 大、小口环配合间隙(半径方向)

大小口环直径 /mm	80~120	>120~150	>150~180	>180~220	>220~260	>260~290	>290~320
装配间隙宽度 /mm	0.175~ 0.22	0.175~ 0.225	0.2~ 0.28	0.225~ 0.315	0.25~ 0.34	0.25~ 0.35	0.275~ 0.375
最大磨损 间隙宽度/mm	0.44	0.51	0.56	0.63	0.68	0.70	0.75

(2)大、小口环内孔表面粗糙度不大于 1.6 μm。

4.5 导叶

导叶不得有裂纹,冲蚀深度不得超过 4 mm,导叶叶尖长度被冲蚀磨损不得大于 6 mm。

4.6 平衡装置

(1)平衡盘密封面与轴线的垂直度不大于 0.3‰,其表面粗糙度不大于 1.6 μm。

(2)平衡盘与摩擦圈、平衡板与出水段均应贴合严密,其径向接触长度不得小于总长度的 2/3,防止贴合面产生泄漏。

(3)平衡盘尾套外径与窜水套内径的间隙宽度为 0.2~0.6 mm,排混浊水的水泵可适当加大。

4.7 填料函

(1)大修时要更换新填料。

(2)填料函处的轴套不得有磨损或沟痕。

4.8 多级泵

多级泵在总装配前,应将转子有关部件进行预组装,用锁紧螺母固定后检查下列各项:

(1)各叶轮出水口中心的节距允差为±0.5 mm,各级节距总和的允差不得大于 ±1 mm。

(2)叶轮入水口处外圆、各轴套外圆、各挡套外圆、平衡盘外圆在两端支撑点轴线的径向圆跳动不大于表 3-44 中的规定值。

表 3-44 径向圆跳动 单位:mm

名义直径	≤50	>50~120	>120~260	>260~500
叶轮入口处外圆	0.06	0.08	0.09	0.10
轴套、挡套、平衡盘外圆	0.03	0.04	0.05	0.06

(3)平衡盘端面圆跳动不大于表 3-45 中的规定值。

表 3-45　平衡盘端面圆跳动　　　　　　　单位：mm

名义直径	≥50～120	>120～260	>260～500
端面圆跳动	0.04	O.05	0.06

4.9　总装配

（1）前后段拉紧螺栓必须均匀拧紧。

（2）在未装平衡盘前，检查平衡板的端面圆跳动，不得大于表 3-46 中的规定值。

表 3-46　平衡板端面圆跳动　　　　　　　单位：mm

名义直径	≥50～120	>120～260	>260～500
端面圆跳动	0.04	0.06	0.08

（3）装配时叶轮出水口中心和导叶中心应该对正。总装后用检查转子轴向窜量的方法检查其对中性；在未装平衡盘时检查转子的总窜量；装平衡盘后和平衡板靠紧，检查向后（自联轴节向平衡盘方向）的窜量，均应符合有关技术文件的规定。允许在平衡盘尾部端面添加或减少调整垫，以调整窜量。调整垫必须表面光洁，厚度均匀。

（4）总装后用人力扳动联轴器，应能轻快地转动。

4.10　试运转

（1）水泵不能在无水情况下试运转。在有水情况下，也不能在闸阀全闭情况下长期试运转。

（2）水泵在大修后应在试验站或现场进行试运转。

（3）水泵的压力表、真空表、温度表、电度表、电压表及电流表等应完整齐全，指示正确。

（4）试运转时用闸阀控制，使压力由高到低，进行水泵全特性或实际工况点试验，时间不短于 2～4 h，并检查下列各项：

① 各部位声响有无异常；

② 各部位温度是否正常；

③ 有无漏油、漏气、漏水现象（填料函处允许有成滴渗水）；

④ 以额定负荷或现场实际工况测试水泵的排水量、效率及功率，效率应不低于该泵最高效率或该工况点效率的 95%。

此外，离心式水泵检修质量还应满足固定设备通用部分的质量标准。

第十三节　中心回转抓岩机

抓岩机的主要用途是在开凿竖井时抓取井内爆破后松散的岩石和矿物并投入吊桶，也可以用于抓取地面上的松散物料。

本抓岩机适用于净直径 4 m 以上的井筒，岩石块度不大于 500 mm。本机的动力为压缩空气,为便于矿山工作,每台抓岩机带有一个备用抓斗以及其他备件。

1 机器的润滑

(1)及时充分润滑是保证机器正常运转和延长寿命的必要措施,因此,规定的加油及检查时间,一定要做好油位检查工作。

(2)统一起见,风动机、减速机箱体、油雾器等都用 20 号机油或透平油进行润滑,各滚动轴承均用钙基脂(黄油)润滑,各操纵阀、配气阀、汽缸等装配时都应加适当的机油或黄油以润滑。

(3)润滑油的材质必须符合要求,不得混有灰尘、杂物及其他带有腐蚀的杂物。

(4)抓斗的连接盘上面槽内和 8 根拉杆腔内均应定期加油。

2 机器的维护和检修

(1)定期检修是保证机器正常工作、安全生产的有效措施,尤其是悬吊件,更应特别注意。

(2)钢丝绳要经常检查,发现断丝、松股、压痕等应立即更换。

(3)机架、臂杆、绳轮支撑座、连接螺栓等,要经常检查焊缝是否开裂,机件是否变形,螺栓是否松动等,如发现问题及时解决。

(4)气路系统应保持严密,不得漏风;滤气器要定期清洗,每周一次,油雾器要经常加油,保持正常滴油。

其他各部件的检修,要根据具体情况和生产安排,进行处理,但原则上不得使机器带病工作。

(5)检修机器时应系好安全带。上检修台时不准从高处跳到检修台上。检修机器时,台上不准超过一人,不准置放超过 50 kg 的物件。

3 常见故障及处理措施(表 3-47)

表 3-47 中心回转抓岩机常见故障及处理措施

故障现象		原因分析	处理措施
注油器不滴油或滴油缓慢		润滑油黏度过度	更换合适的润滑油
		油管或滤网被堵塞	清洗油管及过滤网,保持油清洁
抓斗不能正常工作	抓斗不能张闭或张闭缓慢	接配气阀的小压气管被折死或破裂漏气	整理压气管,修补或更换小压气管
		控制抓斗操纵阀失灵	修理五位六通阀
	抓斗漏矸	抓斗配气阀阀芯卡住	修理或更换阀芯及弹簧
		活塞杆变形,橡胶密封损坏	检修活塞杆,更换密封圈
		抓斗抓尖磨损厉害,抓片变形	创新焊接抓尖,修理抓片
	拉杆变形,开焊	强度不够,焊接质量差	重新焊接,提高强度

表 3-47(续)

故障现象		原因分析	处理措施
提升机构运转不正常	提不动或提升速度缓慢	气压不足	提高气压
		压气管路漏气	检查管路,修理或更换
		钢丝绳脱槽或卷筒上钢丝绳乱绕、卡死	重新缠绕钢丝绳
		启动马达或减速箱的润滑油不足,运转声音不正常,速度减慢,钢套磨损严重	加润滑油,拆下来放在地面上检修,更换钢套
		制动器尚未打开,闸带过紧	松开闸带,修理制动器
		导向轮不转动	检修绳轮
	提升刹车失灵	制动器失灵	检修制动器
		闸带磨损严重	更换闸带
	提升钢丝绳扭成麻花	悬吊抓斗旋转器轴承损坏,旋转器失灵	更换旋转器轴承,检修旋转器
回转机构转不动或转动缓慢		万向接头销轴切断	更换销轴
		内齿轮被石块卡住	清扫内齿轮
		压气管路漏气,压力不足	检修管路,加大压风
		气动马达和减速机的润滑油不足,声响不正常,速度减慢,气动马达铜套磨损严重	加润滑油,拆下来放在地面上检修,更换铜套
变速机构伸不出,收不拢		管路系统漏气、漏油	检查管路,检修或更换
		增压气缸、油缸密封圈损坏	更换密封圈
		增压油缸油少或没有油	加油
		配气阀及控油阀失灵	检修配气阀及控油阀
		司机室操纵阀失灵	检修操纵阀
		推力油缸密封圈损坏	更换操纵阀

4 中心回转抓岩机的检修标准

(1)及时充分润滑是保证机器正常运转和延长使用寿命的必要措施。必须定期对抓岩机加油润滑,每班检查主机马达、提升钢丝绳的运转情况。

(2)所有风动机、减速机箱体、油雾器等都用 20 号机油或透平油进行润滑,各滚动轴承均用钙基脂(黄油)润滑,各操作阀、配气阀、气缸等配件时都应加适当的机油或黄油以辅助润滑。

(3)润滑油的材质必须符合要求,不得混有灰尘、杂物及其他带有腐蚀的杂质。

(4)抓斗的连接盘上面槽内和拉杆腔内均应定期加油。

(5)钢丝绳要经常检查,发现断丝、松股、压痕等应立即更换。

(6)机架、臂杆、绳轮支承座、连接螺栓等,要经常检查焊缝有无开裂,机件有无变形,螺栓有无松动等,如发现问题及时处理。

(7)气路系统应保持严密不漏风,滤气器要定期清洗,每周一次,油雾器要经常加油保持正常滴油。

第十四节 XFJD6.9型竖井钻机

XFJD6.9型竖井钻机是竖井掘进用机械化专用凿岩设备。该机器以压缩空气为动力,采用液压传动型式,所有动作实现机械化。钎杆移位迅速、准确、平稳,并配用YGZ-70型导轨式独立回转凿岩机,凿岩效率高,也可改装滑座后,配用其他型号的高效凿岩机。

该机器液压站由气动马达驱动油泵供油,多路阀集中控制各油缸实现立柱在井筒中固定和推进器在工作面定位。各油缸进出口都配有液压锁,实现各油缸准确定位。有刚性好的动臂和推进器,加之采用平行移动机构,使钻凿炮眼精度和效率提高。采用油缸-钢丝绳推进型式,推进力大小可调,拔钎力量大,工作平稳,能够满足工作面不同岩石硬度的要求。比气动马达-丝杠推进型式减少6台气动马达,可降低整机噪声。整机除推进油缸外都使用标准油缸,易维修。

1 主机维修和保养

(1)钻架上井后,按照下井前的准备工作检查机器,以保证下一次循环使用,特别是要给注油器加满润滑油,以保证凿岩机和气动马达润滑,延长其使用寿命,经常打开立柱下部螺塞将积水排出。

(2)经常检查提升用吊钩有无裂纹和变形等损坏现象,查看悬吊钻架的钢丝绳有无断丝和松开现象。

(3)拆装凿岩机时,注意通过机头前部的三个螺钉拆卸和调整轴承间隙,防止过早损坏。检查气动马达、油泵、油雾器及各类操作阀时,应用干净的棉布或塑料布将油管口包扎好,防止脏物和灰尘进入管道,重新安装时应涂抹润滑油。

(4)经常检查油箱的油位,油位过低时进行补油。

(5)液压油的选择:液压传动中油的正确选择是保证液压传动正常工作的关键环节,一般要求液压油不得含水蒸气、空气和杂质,无腐蚀,具有一定的黏度和较高的化学稳定性。根据井筒工作环境温度选择液压油。本机推荐使用40#低凝液压油,即YC-N68,不同规格液压油勿混合使用。

(6)安装油泵时要特别细心,不可敲打,只能用手推或铜棒轻敲,安装固定以后用手转动联轴套,转动应灵活自如,否则容易损坏油泵。

(7)要定期在油杯上注油,以润滑各回转部件,检查各油缸是否漏油,各密封件是否损坏,如有损坏及时更换。

(8)机器应制定检修制度,以使有较高的设备利用率。一般视使用情况一季度小修一次,半年中修一次,一年大修一次。每次小修均需清洗注油器、回油滤油器,检修摆动马达不可拆卸回转叶片,否则需要生产厂家装配。

(9)检修更换气动马达叶片时,注意通过后部调整螺钉将轴承间隙调整合适。

2　主机可能发生的故障及处理措施(表 3-48)

表 3-48　XFJD6.9 型竖井钻机主机可能发生的故障及处理措施

故障现象	原因分析	处理措施
漏气、漏油、漏水	1. 接头松动	拧紧接头
	2. 密封装置失效	调整或更换密封件
	3. 软管磨损	更换软管
	4. 管路焊接处脱开	拆下补焊
油缸不动	1. 溢流阀调整螺丝松动	调节溢流阀压力,将螺帽固定
	2. 油路不通	疏通油管与接头
	3. 溢流阀损坏	更换溢流阀
	4. 油箱内油面过低	加油到油标位置
油缸工作不稳定	空气进入液压管路	排除空气
推进力小,凿岩机跳动,进尺慢	减压阀调整不够	重新调整
油雾器不出油	1. 润滑油黏度太大	添换较稀的润滑油
	2. 油雾器出油孔堵塞	清洗油雾器
钻孔速度慢	1. 气压不足	找出降压原因,保证气压在 0.45 MPa 以上
	2. 钻机部件磨损和卡紧	拆开检查有无磨损和卡紧,更换磨损件,当部件有轻微卡紧时,用油石磨光,若过分紧则更换
	3. 推进力太大	调整推进控制,使之按岩石种类适当调整推进力
	4. 钎头和钎杆孔堵塞	检查有无堵塞并予清除
	5. 钎尾尺寸不合格	使用合格钎尾的钎杆
	6. 钎头磨损	重新修磨
凿岩机突然停止或运转不规则	1. 异物进入机内	排除异物,检查进入异物原因
	2. 推进力过大	检修调节推进油缸和减压阀压力
	3. 压气中水太多,破坏润滑	排除压气中的水
液压油生泡沫	1. 油箱内油少,油面过低	补充液压油
	2. 油泵轴的密封漏气	更换密封
	3. 吸油管中接头漏气	紧固接头或更换新接头
	4. 液压油黏度过高	使用推荐黏度的液压油
反水严重	1. 水针折断,水针垫损坏	更换损坏件
	2. 钎杆中心孔堵塞	吹通中心孔
	3. 水压太高	关井底小水阀门

3　凿岩机的用途及范围

　　YGZ70 型导轨式独立回转凿岩机与 CTJ3 型进路凿岩台车、CNJ-3 型内燃凿岩台车和 SJZ、XFJD 系列伞形凿岩吊架配套,主要用于井巷掘进钻凿水平或向下炮孔,也可以在铁路、水利和国防等建设工程中进行凿岩,与相应设备配套并可钻凿向上炮孔。

该机器适用于在各种矿岩上钻凿 $\phi 38 \sim 55$ mm 的炮孔,有效孔深为 8 m。钎具可以正反转,故适用于接杆凿岩。

4 凿岩机的使用和维护

4.1 使用

YGZ70 型凿岩机,转钎扭矩大,冲击次数多,因具有冲击与回转各自独立并可分别调节的结构,故凿岩时对各种岩石的适应性强,不易卡钎,正确使用,合理调节,在各种岩石上均可以获得较高的凿岩速度。

操作要领如下:

(1) 对于不同岩性的岩石,必须根据排粉情况分别调节冲击功、转钎速度和轴推力,才能获得较高的凿岩速度。如对于中硬或较软的岩石,冲击功可小些,转钎速度可高些,推力不宜过大,对于坚硬岩石,冲击功则要大,转钎速度应低些,推力应大些。

(2) 当遇有裂隙、溶洞而卡钎时,则要减小冲击功,增大转钎速度甚至可以停止冲击,完全依靠回转通过卡钎排除故障。

(3) 在冲击部分给风后没有启动时,应将操纵阀关闭,待风管中的余气排出后,再行启动。

(4) 切忌以满风开空车。

(5) 凿岩机的润滑条件应良好,以防止磨面(尤其是活塞与气缸和配气体的配合面)在高速运动时产生局部高温而研伤。

润滑油选用凿岩机油(上海炼油厂产品),也可以用 20 号机油和钙基黄油。

润滑油应保持连续供给,一般使用可以调节供油量的注油器,供油量应适宜,过多则造成油雾大,过小则润滑不良。

(6) 钻具应符合质量要求。

4.2 维护

(1) 必须定期检修凿岩机,及时修理或更换损坏的零件,以免导致其他零件损坏。

(2) 每班作业前,应先将注油器加满油,仔细检查所有紧固螺栓,保证连接可靠性,然后再给凿岩机以小风量进行空运转,检查机器运转是否正常,同时使各机件得到润滑。

(3) 工作完成后关闭水阀,以小风量使凿岩机作短时间的空运转,排除积水,防止锈蚀。

(4) 凿岩机较长时间停止使用,须及时地将其拆洗干净,并涂上防锈油脂,放置干燥处保存。

5 凿岩机的拆卸、装配注意事项

(1) 该凿岩机部分壳体采用球墨铸铁,因此在拆卸和装配时,切忌用铁锤直接敲打零件表面和配合面,可垫铜棒或硬木,以免损坏零件。

(2) 在一般情况下,不应把气缸和马达体拆开。

（3）更换铜套时,必须细心,不要歪斜,以免铜套刮伤和变形。在安装马达体铜套时,可将铜套套在活塞上,在配合面上涂以润滑油,将活塞装入气缸(此时气缸和马达体是装在一起的)以铜或硬木垫在活塞尾部,用压力机压入或用锤敲入马达体。铜套装好后,用手拉动活塞,视其配合情况,如果阻力较大时,则应用刮刀刮削铜套内孔。

（4）拆装马达体内轴承时必须防滚针掉落和漏装。

（5）装配时应将所有配合面擦洗干净,并涂上润滑油。

（6）所有紧固螺栓应均匀地拧紧。

6　凿岩机常见故障及处理措施(表 3-49)

表 3-49　凿岩机常见故障及处理措施

故障现象	原因分析	处理措施
机器声音不正常,活塞运动不正常(时而冲击,时而不冲击)	1. 紧固螺栓松动或拧紧力量不均匀	将紧固螺栓均匀拧紧,若仍不能排除,则应拆检修理
	2. 活塞与气缸或配器体研伤	将研伤的部分用油石仔细磨光,适当调整长螺杆的拉紧力
钎杆不转动而风马达运转正常	六角钎套或钎尾轮廓磨圆,双联齿轮折断或齿轮轮齿损坏	更换损坏的零件
反水严重	水针折断,水针胶垫损坏,钎杆中孔堵塞	更换损坏的零件,更换钎杆
凿岩速度降低	钎杆长度不合格或钎尾部打塌落活塞端面凹陷太多	更换钎杆或活塞

7　立井伞钻的检修标准

（1）钻架升井后,按照下井前的准备工作检查机器,以保证下一次循环使用,特别是要给注油器加满润滑油,以保证凿岩机和气动马达润滑,延长其使用寿命。经常打开立柱下部螺塞将积水排出。

（2）拆装凿岩机时,注意通过机头前部的三个螺钉拆卸和调整轴承间隙,防止过早损坏。

（3）检查油箱的油位,油位过低时必须及时补充。

（4）液压油的选择:一般要求液压油不得含水蒸气、空气和杂质,无腐蚀,具有一定黏度和较高的化学稳定性。根据井筒工作环境温度选择液压油。SJZ 系列立井钻机推荐使用 40# 低凝液压油,即 YC-N68,不同规格液压油勿混合使用。

（5）要定期在油杯上注油,以润滑各回转部件,检查各油缸是否漏油,各密封件是否损坏,如有损坏及时更换。

（6）立井伞钻视使用情况为一季度小修一次,半年中修一次,一年大修一次。

第十五节　提升机盘形制动器的使用和维护

1　更换闸瓦

当闸瓦磨损到闸瓦与筒体衬板间距离为 2 mm 或由于其他原因造成闸瓦提前失效时,应及时更换闸瓦:

(1) 关断其他不检修的制动器的液压油路,仅给需要检修的制动器通入液压油使其松闸;

(2) 取出锁紧螺栓,将调整螺母旋出约 10 mm,如闸瓦的厚度较大时旋出量应不超过 10 mm;

(3) 松开压板螺栓,取掉压板,就可以将旧闸瓦拆下;

(4) 将新闸瓦装入筒体衬板内,如果不能顺利装入,可适当修配闸瓦;

(5) 装上压板并用螺栓固定好。

2　更换碟簧组

当碟簧组因疲劳损坏或其他原因失效时,请按以下方法更换:

(1) 拆下液压组件(图 3-28)。

(2) 用压簧工具压在弹簧垫上,套上连接螺栓 3,用套筒扳手旋进螺栓 3 压缩弹簧,用外张尖嘴弹簧钳,从卡槽中取出弹簧卡圈。

(3) 缓慢小心地旋出连接螺栓 6,取出压簧工具和卡圈及弹簧垫。

(4) 取出碟簧即可检查或更换。

(5) 在碟簧表面涂上二硫化钼润滑脂按拆卸的顺序装上。

(6) 液压组件的拆卸液压组件是盘形制动器中的核心组成部件,其拆卸必须依照以下过程做好准备工作。

(7) 拆出锁紧螺钉 1,并缓慢地旋松调整螺母,注意必须对同一副制动器的两边同时进行,以免制动盘单面受力而出现局部变形。

(8) 将液压系统的油压调整到零时,碟簧组卸载,此时调整螺母 9 应能很容易转动。

(9) 拆下进油接头 16 和泄露油回油接头 21,将随机工具中的起吊手柄装入进油接头。

(10) 取下后盖 5,用随机专用工具中的套筒扳手将连接螺栓 3 松开;注意不要将连接螺栓全部拆下,应保留约 15 mm 的连接长度。

(11) 将调整螺母 9 全部松开,此时液压组件全部支撑在连接螺栓 3 上,应注意保护液压组件。

(12) 维修者此时应一手抓紧起吊手柄,另一只手迅速拆下连接螺栓 3 将液压组件从制动器体上整体拆除。注意不要将弹簧垫带出,拆下的液压组件应避免与其他物体相互碰撞,及时放到清洗液中。

(13) 液压组件的安装液压组件的安装过程基本上与拆卸过程相反。

(14) 安装前应检查弹簧垫是否放在正确的位置上,并在连接螺栓 3 和调整螺母 9 上涂适量的二硫化钼润滑脂。

(15) 维修时一手抓住起吊手柄将液压组件提起,另一手将连接螺栓 3 迅速地装到制

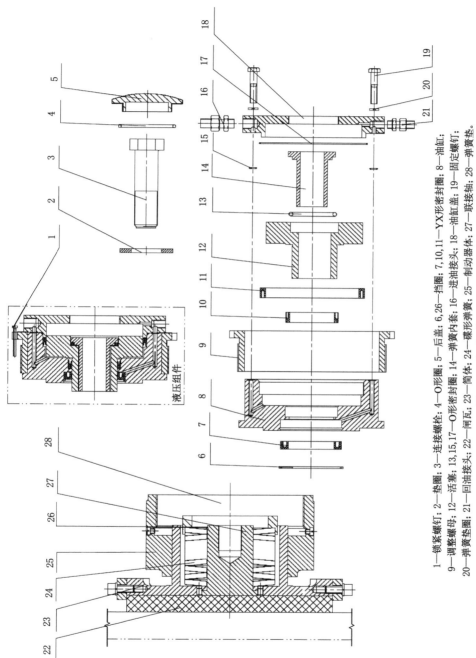

图3-28　液压组件分解图

1—锁紧螺钉；2—垫圈；3—连接螺栓；4—O形圈；5—后盖；6,26—挡圈；7,10,11—YX形密封圈；8—油缸；9—调整螺母；12—活塞；13,15,17—O形密封圈；14—弹簧内套；16—进油接头；18—油缸盖；19—固定螺钉；20—弹簧垫圈；21—回油接头；22—闸瓦；23—筒体；24—碟形弹簧；25—制动器体；27—联接轴；28—弹簧垫。

动器体上旋入 15 mm 左右即可。

（16）将调整螺母 9 对准制动器体上的螺纹孔，缓慢地旋紧调整螺母，有一定的阻力时停止。

（17）用随机专用的套筒扳手按规定力矩将连接螺栓 3 旋紧。

（18）拆下起吊手柄，换上进油接头和泄漏油接头，并装上后盖 5。

（19）给制动器通入规定的压力油。

（20）调整闸瓦间隙至 1 mm，装上锁紧螺钉。

3　密封圈的更换

（1）更换密封圈时，需要连同密封组件一起拆卸。

（2）更换密封圈时必须注意环境清洁，拆下的零件必须在无水煤油或其他清洗液中清洗干净，干燥后涂二氧化钼润滑脂，所有零件的加工表面应避免利器划伤和碰撞，以免划伤密封圈或出现泄漏。

（3）更换密封圈应严格按以下步骤进行：

① 拆下固定螺钉 19 和油缸盖 18 以及 O 形密封圈 15、17。

② 将活塞一端对着装配圆锥轻压油缸，把活塞 12 从油缸 8 中取出。

③ 取出油缸 8 内的密封圈，注意要避免使用质地坚硬、表面锋利的工具，以免划伤油缸内表面。

④ 将拆下的金属零件清洗干净，干燥后表面涂上二氧化钼润滑脂。

⑤ 更换失效的密封圈，将新密封圈装配到油缸上，注意密封圈的装配方向应与原来的相同。

⑥ 将装配圆锥活塞对准活塞 12 上，然后将油缸放在装配圆锥上面，双手用力向下压油缸，活塞借助装配圆锥的导向就能顺利进入油缸。

⑦ 装上 O 形密封圈 15、17。

⑧ 装上油缸盖 18，应注意将油缸盖上的进油口与油缸的进油口对准。

⑨ 装上固定螺钉 19。

4　提升机盘形制动器常见故障及处理措施（表 3-50）

表 3-50　提升机盘形制动器常见故障及处理措施

故障现象	原因分析	处理措施
制动器不能松闸	1. 没有制动油压或制动油压不足	检查液压站
	2. 制动器密封圈损坏	更换密封圈
制动或松闸时动作缓慢	1. 液压系统有空气	排除制动器的空气
	2. 液压系统不正常，阀芯受卡	检查和清洗阀和系统重新
	3. 闸瓦间隙太大	调整闸瓦间隙
	4. 液压有黏稠度不符合要求或泄漏油太多	更换液压油，检查和修理液压系统
	5. 密封圈损坏	更换密封圈

表 3-50(续)

故障现象	原因分析	处理措施
制动或松闸时动态缓慢	1. 液压站和油路系统有故障	检修液压站
	2. 制动器损坏,带筒体的衬板被卡	检查和修理制动器
制动力过小,制动时间过长	1. 提升机超载或超速	检查载荷和速度是否在提升机容许的范围内
	2. 闸瓦间隙太大	调整闸瓦间隙
	3. 制动盘上有油污或其他杂物	用三氯乙烯溶液清洗制动盘或更换闸瓦
	4. 所有制动器不能动作	检查液压站
	5. 碟簧组出现故障	更换碟簧组
	6. 密封圈损坏	检查和更换密封圈
闸瓦磨损不均匀	1. 制动器校正不均匀	安装是否达到技术要求
	2. 制动盘偏摆太大,主轴轴向窜动较大或主轴倾斜度太大	车削制动盘,检查调整主轴的倾斜度和轴承间隙
闸瓦意外磨损	1. 制动器非正常使用	检查动力制动,速度限制器的功能是否正确
	2. 闸瓦间隙太小	检查是否按规定进行操作
	3. 制动器动作不同步	调整闸瓦间隙、检查油压和管路

第十六节　KHT149 型煤矿地面立井提升机综合后备保护装置

该装置主要用于与矿井提升机配套,以完善其保护功能。当用于与矿井提升机配套时,必须严格按照煤矿安全规定使用。不得使用于具有防爆要求的场合,且适用于地面提升机。该装置主机电路采用了现代工业自动化系统成熟的技术和新型结构,由西门子可编程控制器(PLC)和西门子触摸屏(Smart700)等电路模块构成,具有体积小、功能强、程序设计简单、维护方便、稳定性和可靠性高等优点。特别是人机界面采用了触摸屏后,比廉价的文本显示器性能更为优越,操作更加直观方便,使操作变得轻松简单。

1　型号的组成及代表意义(图 3-29)

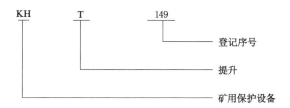

图 3-29　型号的组成及代表意义

2　操作使用安全注意事项

① 确认供电电压与装置标定电压一致,并将主机接地端良好接地。

② 安装完毕上电调试前,务必将"联、脱机开关"置于脱机状态,以防因安装调试操作

失误而造成误动作。

　　警示：a. 置于"联机"状态时，装置工作模式为：检测、声光报警并动作减速、安全回路；

　　b. 置于"脱机"状态时，装置工作模式仅为检测、声光报警。

　　③ 严格按照使用说明书的要求对装置进行相关使用操作。

　　警示：严禁在提升机运行时操作"复位"按钮，否则将可能造成误动作而引发提升事故！

　　④ 安装调试过程中，应严格按照《煤矿安全规程》的相关要求操作。

　　主机前面板如图 3-30 所示。主板后面板如图 3-31 所示。

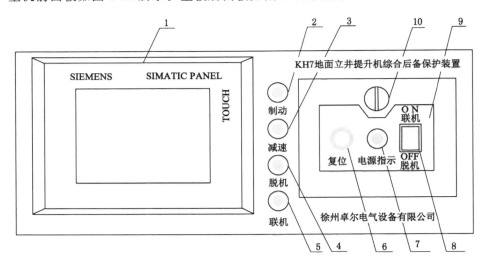

1—触摸屏；2—制动指示灯；3—减速指示灯；4—脱机指示灯；5—联机指示灯；

6—复位按钮；7—电源指示灯；8—联/脱机开关；9—防护窗；10—防护窗锁。

图 3-30　主机前面板

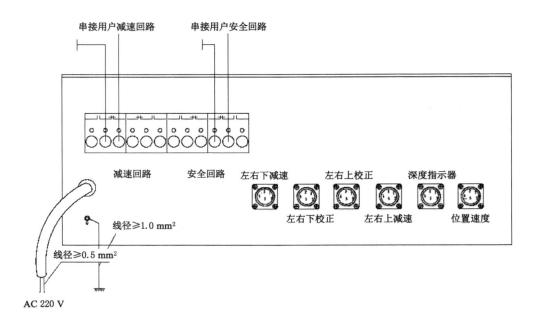

图 3-31　主机后面板

3　故障集中部位

（1）井筒传感器及控制磁钢被砸坏。

（2）传感器信号线被损坏。

（3）位置速度传感器损坏或位置偏出。

（4）联脱机开关、按钮等开关件经常使用受损。

（5）继电器、喇叭长期工作后受损。

4　故障现象、原因及处理措施

4.1　开机后装置不工作。

（1）电源线松动、脱落,重接。

（2）电源开关损坏,更换。

（3）转接板 2A 保险丝烧坏,更换。

（4）电源板损坏,更换。

4.2　开机后装置无规则、杂乱工作。

总接线松动或脱落,重接。

4.3　减速点回路动作时,安全回路紧随动作但无故障指示和故障记忆。

（1）速回路动作脉冲冲击干扰 PLC(微机),在外部加设中间继电器隔离。

（2）公共地线接地不良或脱落,重接。

4.4　限速段经常出现超速安全制动。

用户改动减速度值,利用画面 4 校正。

4.5　爬行区经常出现超速安全制动。

斜井在爬行区内有甩车现象,适当加大井深值或放宽一、二、三段限速值。

4.6　提升容器位置显示值变小,同时速度显示值也变小。

电机轴上磁钢座脱落、失磁或位置偏出,更换或重新调整。

4.7　速度值正常,但位置值只加不减。

（1）电机轴双极霍尔探头中有一个极损坏或一路信号线损坏,更换。

（2）电机轴双极霍尔探头位置被挪动,更换或调整。

4.8　深度指示器经常误报警。

（1）深度指示器霍尔探头位置被挪动,调整。

（2）某块磁钢失磁,更换。

（3）信号线松动,重接。

4.9　右停车正常,左停车每次都不正常或左停车正常,右停车都不正常。

不正常侧的校正开关损坏、控制磁钢脱落、信号线损坏,更换或处理。

4.10　停车时显示值有时正常,有时不正常,且无规律。

（1）同步开关安装距离偏大,控制磁钢磁性减弱后,工作处于临界状态,调整工作距离。

（2）同步开关位置被挪动,信号线虚焊,处理。

注意:以上 4.6 至 4.10 项故障能通过传感器工作状态指示灯判别。

4.11　轻载时提升正常,重载时提升出现过卷等故障。

重载时钢丝绳被拉长,使实际提升值大于井深设定值。按重载提升重新设定井深值。

4.12　更换衬垫木后,显示值小于实际井深值。

利用画面3校正井深值。

4.13　喇叭正常,但两个继电器均不动作。

联、脱机开关损坏或处在脱机位置。

4.14　某个继电器不动作。

损坏,更换。

4.15　继电器动作正常,但喇叭不响。

(1)喇叭损坏,更换。

(2)连线或插头松动。

4.16　校正开关传感器工作状态指示灯个别恒亮不灭。

4.17　夏季强雷电时刻,装置处于"死机"状态。

(1)雷电强干扰进入装置,关机片刻后再开机。

(2)检查画面1~4的设定值。

4.18　酷暑或隆冬季节,装置处于"死机"状态,且关机片刻后开机也无效,但关机数小时后开机又正常。

(1)装置散热环境不良或靠近暖气管、烤火炉等热源,离开热源,加强散热措施。

(2)检查画面1~4的设定值。

4.19　装置受明显干扰而工作反常。

(1)公共地线接地不良或脱落。

(2)装置外壳固定螺栓松动或脱落。

(3)220 V电源线接触不良。

(4)信号线外屏蔽层接地不良,重新处理。

4.20　斜井上提时提升容器位置值正确,下放时不正确造成过卷。

下放时钢丝绳松弛量偏大,变换校正开关安装位置。

5　几种很特殊的故障原因及处理措施

5.1　霍尔探头经常烧毁。

安装霍尔探头的铁座上带有很高的感应杂散电压,将铁座可靠接大地。

5.2　信号线经常无故损坏。

(1)老鼠咬断,灭鼠。

(2)使用金属穿线管。

6　保养与维护

6.1　位置速度传感器

作用:提升容器位置值、提升速度值、提升方向三项关键参数的信号源。

6.2　磁钢座检查及保养

(1)磁钢座及固定磁钢座的底圈是否松动及位置是否移动,如出现,拧紧或调整。

（2）磁钢是否脱落或失磁（≤2 000 G），如出现，更换。

6.3　双极霍尔探头检查及保养

（1）双极霍尔探头与支架、支架与底座固定处是否松动，如出现，拧紧。

（2）磁钢座运动时，磁钢中心线是否经过双极霍尔探头工作面的标志槽，如出现，调整后拧紧。

（3）双极霍尔探头工作面与磁钢表面间距是否在 3～5 mm 之间，如出现，调整后拧紧。

（4）引出线及信号电缆是否损伤或脱离原固定位置，如出现，处理或重新固定。

6.4　深度指示器失效传感器（牌坊式、圆盘式）

作用：丝杠或圆盘的转动信号源。

（1）丝杠磁钢卡环或磁钢盘检查及保养

① 固定处是否松动，是否偏离原固定位置，如出现，调整后固定。

② 磁钢是否脱落或失磁（≤2 000 G），如出现，更换。

（2）单极霍尔探头检查及保养

① 固定支架是否松动，探头工作面的标志槽与磁钢中心线是否吻合，如出现，拧紧或调整。

② 探头工作面与磁钢间距是否在 1.5～3 mm 之间，如出现，调整后拧紧。

③ 引出线及信号电缆是否损伤或脱离原固定处，如出现，处理或重新固定。

6.5　终端开关传感器

作用：提升容器同步定位，提升钩数及卡箕斗保护的信号源，首次开机或开机自检后禁令（禁止左提升减计数，禁止安全回路继电器 J2 动作）的解禁信号源。

（1）控制磁钢检查及保养

① 是否被撞击松动、损坏、脱落，是否失磁（≤800 G），如出现，可靠固定、更换。

② 表面是否吸合垫片、螺栓、螺母等小铁块，如出现，去除。

（2）终端开关检查及保养

① 被撞击是否损坏，如出现，更换。

② 信号电缆有无损伤或被下料时碰断，如出现，处理或更换。

6.6　上述 4 种传感器关键技术条件及使用年限

（1）Φ6×6，Φ12×4 稀土磁钢，表面磁钢≥3 000 G。使用 2～3 年后降到 2 500 G 左右。总使用年限为 4～6 年。

（2）单、双极霍尔探头。进口霍尔元件全密封封装，半永久性，但撞击易损。环境温度≥70 ℃时易损。

（3）校正开关防爆结构，干簧管动断触点，使用年限为 2～4 年（或动作 50 万次）。

（4）控制磁钢。出厂时表面磁感应强度≥1 200 G，使用 1.5 年后降到 1 000 G 左右，总使用年限为 2～4 年。

6.7　装置部分

（1）供电电源检查

① 电压是否是交流 220 V（允许−20％～＋15％范围内）。

② 电源线是否连接可靠,如出现,处理(松动比脱落的危害更大)。

(2)屏蔽地线检查

① 接线是否可靠、牢固,如出现,处理(松动或脱落,装置抗干扰能力丧失 85％以上)。

② 接地电阻是否≤4 Ω,如出现,必要时测量一次。

(3)信号输入、输出部分的检查

① 各航空插头是否拧紧,如出现,拧紧。

② 航空插头根部线是否损伤,如出现,处理。

③ J1、J2 接点引出是否牢固、安全,如出现,处理。如加设中间继电器,接线是否松动,如出现,处理。

(4)外壳部分检查

① 紧固螺栓是否松动、脱落,按钮开关等是否松动,如出现,拧紧或重配。

② 是否有污垢或其他杂物凝结,如出现,清除。

(5)自检及运行检查

① 开机自检一次,检验装置是否正确。

② 观察绞车右提升全过程和左提升全过程各一次。

6.8 安全后备保护试验

(1)条件

① 联、脱机开关位于"联机"侧,联机灯亮。

② 安全回路继电器 J2 接点已经接入用户安全(AC)回路。

③ 左罐在井底,右罐在井口。

(2)左过卷安全回路动作实测

① 提升机停车时按复位按钮一次。

② 启动绞车左提升,速度低一些为好。

③ 提升容器位置值为 0.0,减至−0.5 m 后安全回路动作。提升机紧急制动停车。

(3)说明

① 必要时可重复一次,使深度指示器失效(拧下深度指示器信号航空插头即可),爬行区超速等试验。

② 等速段超速,减速段高速区(≥5 m/s)超速等试验,为防止紧急制动损伤钢丝绳,一般不提倡实测。

③ 卡箕斗保护需校正开关信号配合才能实测,用户可加设一个动断点(如按钮)做试验。

6.9 减速后备保护试验

(1)条件

① 联、脱机开关位于"联机"侧,联机指示灯亮。

② 减速回路继电器已进入用户减速回路。

(2)实测

① 正常提升时,撤除用户原减速开关,检查装置能否控制提升机自动减速。

② 利用画面 1～4 设置测试。

原则上是使装置减速点提前动作 30～50 m(即超前用户减速点动作 30～50 m)。

例如,右罐在井底时,打开画面 2 将右上减速点减去 30～50 m,然后提升机右提升,观察是否在原减速点前 30～50 m 处能自动减速。

6.10　说明

(1)每周保养条例中重点是传感器和信号线部分。

(2)"七"安全后备保护试验、"八"减速后备保护试验,如用户管理规范,则可以放宽到每月试验一次,但符合以下条件时,尽量做一次试验。

① 装置新安装以后。

② 装置改装或修理后。

③ 用户电控、减速、安全回路大修或进行大的整改后。

第十七节　凿井绞车

1　绞车用途

凿井绞车主要用作立井凿井时的悬吊设备,严禁用于载人,也可以代替建筑绞车。绞车采用涡轮蜗杆减速器时,必须水平安装。

2　工作(环境)条件

(1)绞车不应用于有瓦斯、煤尘等易燃、易爆气体的场所。

(2)绞车作业的环境温度为 −25～40 ℃。

(3)当海拔高度超过 1 000 m 时,需要考虑空气的冷却作用和介电强度的下降,选用的电气设备应根据制造厂和用户的协议进行设计或使用。

3　绞车型式与基本参数

3.1　型式

(1)绞车按结构型式分为缠绕式和摩擦式。

(2)绞车按卷筒数量分为单筒缠绕式绞车和双筒缠绕式绞车。

3.2　产品型号表示方法(图 3-32)

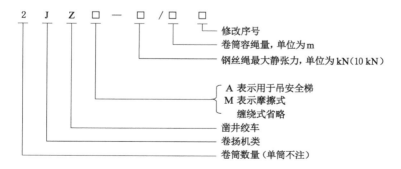

图 3-32　产品型号表示方法

4 绞车的安装、调整和运转

4.1 绞车的安装

绞车的发货运输,对于单筒缠绕式凿井绞车一般可以分为三个部分,即主轴装置连同机座;电动机、减速器连同机座;电控柜和其他。对于双筒缠绕式凿井绞车,一般可以分为四个部分,即前卷筒、后卷筒、传动机座及以上固定零件、电控柜和其他。安装前先将各部分找平对好连在一起,然后放在预先打好的基础上,用垫铁垫平放上地脚螺栓后进行二次灌浆。待水泥干后即可进行调整和试运转。用户可根据当地地质情况适当调整,基础中心的坑可用土石填平。

绞车的安装必须符合《煤矿安全规程》中第七十二条规定。

4.2 绞车的调整

绞车安装好后必须进行检查和调整,其项目如下:

(1)检查弹性联轴器两轴的同心度:其偏移量不得超过 0.16 mm,扭斜度不得大于 $40'$。

(2)检查浮动联轴器两轴的同心度:其偏移量不得超过 1 mm,扭斜度不得大于 $30'$。

(3)检查工作制动器各传动系统是否灵活可靠,并调整使松闸时在水平方向的总间隙不大于 1 mm,制动时闸带与制动轮的接触面积不小于 70%。

(4)检查安全制动器各传动系统是否灵活可靠,并调整使松闸时在水平方向的总间隙不大于 3 mm,制动时闸带与制动轮的接触面积不小于 70%,且使制动杆位于近水平位置。

(5)检查电器:检查工作制动器和安全制动器的控制电器与主电机是否连锁,即启动主电机时工作制动器松闸,停止主电机时工作制动器制动,且只有安全制动器松闸才能启动主电机,切断电源则安全制动器进行制动,起安全保护作用。

(6)检查各部位绝缘情况。

(7)按原理图将各行程开关接好。

(8)接通电源进行各电器动作试验。

(9)整定各继电器动作值。

(10)进行空载试验。

(11)重载试验。

(12)正式投入运行。

4.3 绞车的运转

绞车安装完毕,经过检查和调整后确认无误即可对各润滑部位加油润滑进行空载试运转,并进行缠绳,再进行负荷运转,逐渐加载至满负荷。若在标准电压下,电流不超过额定值。电机、减速器以及其他部位均不发热,即调整完毕,可投入运转使用。

5 绞车的操作和维护

5.1 绞车的操作

JZA-5/1000 型绞车的操作顺序如下:

（1）合上空气开关 QA，接通电源。

（2）按启动控制按钮 SB2，液压推动器工作，使安全制动器松闸，为启动主电机做准备。

（3）按启动控制按钮 SB3 或 SB4，使工作制动器松闸，同时接通正转或反转接触器，相应指示灯亮。通过时间继电器延时使主电机自动完成星形-三角形降压启动过程，此时绞车可以完成提升或下放工作。

（4）如开车过程中需点动控制，可由操作台按钮 SB6、SB7 实现。

（5）如工作中需停车可按下停车按钮 SB5，如开车过程中遇紧急状况需要紧急制动，可按下急停按钮 SBO 实现紧急停车。

JZ-10/600、JZ-16/800、JZ-25/1300 型绞车的操作顺序如下：

（1）合上空气开关 DZ，接通电源。

（2）按动控制按钮 1QA，液压推动器工作，使安全制动器松闸。

（3）绞车工作。

绞车提升或下降可将主令控制器手把从中间位置分别向提升或下降位置拨动，停车时将手把拨回中间位置，总停可按总停 TA；使用减速器变速手把变速时，必须在停车状态下安全制动器制动时才能使用。

5.2　绞车的维护

（1）对绞车的各润滑点应注意经常加油。

① 减速器采用 28 号轧钢机油、24 号气缸油或冬用齿轮油。其油面应保证蜗杆全部浸入油中，并视油的清洁情况定期更换新油。减速器各滚动轴承处加注钙基润滑脂。

② 主轴轴承、中间轴轴承、浮动联轴器及开式齿轮传动等需要润滑的部位应定期更换或补充钙基润滑脂。

③ 其余需润滑部位应在每次开车前加油润滑。

④ 电力液压推动器应加注合成锭子油或变压器油。

（2）应经常检查绞车各传动部位是否灵活，各连接部位是否松动，定期更换磨损的闸带并调整闸带和制动轮的接触面积，以防止事故的发生。

（3）绞车应安装在专用的绞车房内，绞车房应具有防雨、防风、防晒、防潮等特点，以防电器系统及其部件损坏，影响绞车的安全性。

（4）使用该绞车应配备专职司机和熟练的维修人员。

6　绞车常见故障与处理措施（表 3-51）

表 3-51　绞车常见故障与处理措施

故障现象	原因分析	处理措施
工作闸打滑	工作闸间隙过大	调整闸间隙
安全闸打滑	安全闸间隙过大	调整闸间隙
异常温度升高及响声	润滑油不足及卡阻等	在该部位拆开检查

表 3-51(续)

故障现象	原因分析	处理措施
减速箱渗漏油	密封不良	更换密封件
开机时电机不转或发出叫声	接线错误或载荷过大	停止运转使电机反转卸载或检查接线
机器跳动	安装不牢或地基不平	整理地坪或重新安装
机器声音不正常	零件装配不正常,零件磨损过多或连接松动	停车检查、修整

7 绞车的拆卸与运输

施工完毕,需要更换施工场地时,对于单筒缠绕式凿井绞车一般可以分为三个部分,即主轴装置连同机座,电动机、减速器连同机座,电控柜和其他。双筒缠绕式凿井绞车一般可以分为四个部分,即前卷筒、后卷筒、传动机座及以上固定零件、电控柜和其他。按部件装箱进行运输。在有条件的地方也可以整体搬运或按部件装箱运输。

单筒缠绕式凿井绞车传动系统如图 3-33 所示。

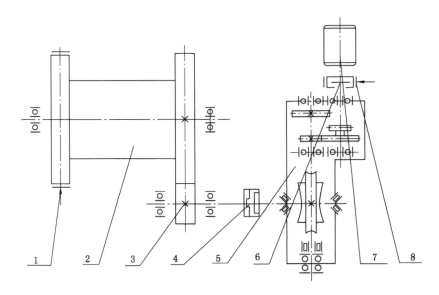

1—安全制动器;2—主轴装置;3—中间轴装置;4—浮动联轴器;

5—减速器;6—弹性联轴器;7—电动机;8—工作制动器。

图 3-33 单筒缠绕式凿井绞车传动系统

第十八节 蓄电池式电机车

1 适用范围

1.1 使用环境条件

机车在下列使用环境下应能按额定功率正常工作:

（1）海拔高度不超过 1 000 m；

（2）当机车使用于 1 000～2 500 m 的地区，由该地区的周围空气温度和海拔高度对电源装置和电动机温度升高的影响来决定其功率的修正值；

（3）周围环境温度：－15～40 ℃；

（4）最湿月月平均最大相对湿度不大于 90%（该月平均最低温度为＋25% ℃）；

（5）《煤矿安全规程》规定的使用煤矿防爆特殊型蓄电池电机车场所。

1.2　本机车为防爆特殊型蓄电池交流牵引电机车，使用条件必须符合《煤矿安全规程》的规定。

2　型式、型号

本产品为防爆特殊型蓄电池交流牵引电机车。

型号含义如图 3-34 所示。

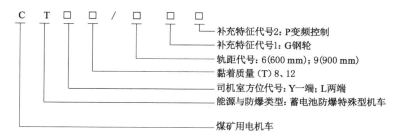

图 3-34　防爆特殊型蓄电池交流牵引电机车型号含义

例如，8 t、900 mm 轨距、机车，司机室位于两端的防爆特殊型蓄电池交流牵引电机车，其型号为 CTL8/9GP。

3　操作与注意事项

3.1　操作

（1）插接好隔爆插销后，变频调速器接通电源，调速器启动。

（2）变频调速器启动后松开机械闸，换向手柄置于行进方向，用转换开关调整照明至行进方向。调速手柄顺时针转动为增速，逆时针转动为减速，调至哪个位置，电动机就按调定的频率运转。例如，调速频率从 40 Hz 下调至 10 Hz 时交流电机能在几秒内按 10 Hz 频率下的转速运转。如果调速手柄调至零位，电机马上进入制动状态。这种全速度控制型的最大优点是：

① 可设定最高车速限制，避免司机开车超速而发生事故。例如，当车速设定为 4 m/s 时，即使机车在下坡运行其车速也不会超过 4 m/s。

② 由于车速由调速手柄控制，机械制动抱闸在运行时不用，所以闸瓦基本不磨损，其机械制动多在停车时为防溜车使用。

③ 当换向手柄在前进或后退的位置时，调速手柄不宜长时间调至零位停放机车。在上、下坡道长时间停放时，应将换向手柄打到零位切断信号，用机械闸将车刹住，防止机车滑动。

（3）双司机室机车前后司控器间有电气闭锁。

每个司控器的换向手柄控制一组干簧管组合的接点，分别为 S1、S6、S3，S5、S2、S7（表 3-52）。

表 3-52　电机车司机操作指示表

前驾司控			后驾司控		
无人		S6 闭，S1、S3 开	无人停车状态		S2 闭，S5、S7 开
无人		S6 闭，S1、S3 开	有人操控	前进	S2 开、S5 闭、S7 开
				后退	S2 开、S5 开、S7 闭
有人操控	前进	S6 开、S1 闭、S3 开	无人		S2 闭，S5、S7 开
	后退	S6 开、S1 开、S3 闭			
有人操控	前进	S6 开、S1 闭、S3 开	有人误动		S2 开、S5 或 S7 闭
	后退	S6 开、S1 开、S3 闭			

前司控先操控，后司控有人误动操作时，由于 S6 开路，后司控操动换向手柄时使 S2 打开，控制回路断开，形成闭锁停车。

反之后驾司控，前驾有人误操作时同样。

（4）因操作不当致使变频器停机保护时，应按下复位按钮复位，使之工作。

3.2　注意事项

（1）机车的检验检修应在固定的专用场所内进行，井下防爆蓄电池电机车的电信设备必须在车库内进行。检修检验工作前应拔下隔爆插连接器，切断电源，然后再进行。

（2）隔爆变频调速器等隔爆电器"严禁带电开盖"。由于调速器内装有大容量电容，所以开盖后须用 10～20 Ω 电阻放电，但是必须在《煤矿安全规程》允许的场所内进行，否则易引燃引爆瓦斯或煤尘。

（3）防爆特殊型电源装置的充放电、维护、保养见电源装置使用说明书。换装电源装置，一定要在机车上固定牢固。

（4）隔爆插销内的保险，必须使用原规定数值的充砂专用保险，禁止使用其他物品代替，更不能短接。

（5）机车必须用润滑表规定的油脂定期润滑。

（6）机车必须按规定的日检、月检及中小修内容进行查验检修，发现隐患时及时处理。

（7）机车的安全制动距离，每年至少要测定一次，其制动距离应符合《煤矿安全规程》的要求。

（8）机车润滑。

（9）电源装置供车时电池注液充电与否由使用单位自定。请使用单位注意一般情况下供车时电源装置已经充电；到货后请检查电池电压，确定电池电量是否可以使用，否则应先充电。

4　常见故障及处理措施(表 3-53)

表 3-53　蓄电池式电机车常见故障及处理措施

故障现象	原因分析	处理措施
不能启动	电源没通	1. 检查隔爆插销内的保险是否烧断,更换后闭合开关,启动试验。 2. 电源线缆断路,入库检验处理。 3. 电源装置欠压,应换电源装置
不能启动	变频调速器的内部电路断路、插头松动	入库后断电开盖,电容放电后检验。将断路的线路连接好或检验插销插头,松动的重新插接好
	手闸抱死	松开手闸
运行中调速器保护动作停机	1. 电源装置欠压、过流、超温、短路、缺相等	短停后按复位按钮重新启动。找出故障点,查明原因进行处理
	2. ABB 下板坏	更换 ABB-800 下板
	3. IGBT 击穿	更换 IGBT
电机车抖动	有一台电机缺相	将电机连接线重新接好

第十九节　CMZY 系列煤矿用钻装探机组

1　主要用途及适用范围

CMZY 系列钻装机组的主要功能是钻爆破孔、破碎、排险、装渣转载;辅助功能是在人工配合下支护、钻探水锚索孔,提供支护平台和服务平台。

该机主要适用于炮采工作面,适用于巷道坡度<18°,后配套转载设备可选择矿车、梭车或胶带转载机等。

2　产品型号及意义(图 3-35)

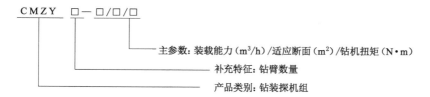

图 3-35　CMZY 系列钻装机组产品型号及意义

3　安装调试

3.1　运输槽链条的张紧

(1)运输机刮板链的张紧可通过调节螺杆快速张紧,装配后所有铰接部分应转动灵活,不允许有卡滞、蹩劲现象。

(2)如果链条过紧或者左右张紧不均匀,有可能造成驱动轴的弯曲、轴承损坏、液压马达的过负荷。

3.2 履带的张紧调整

（1）左右履带可分别用张紧缸张紧。当履带过于松弛时，链轮与履带处于非啮合状态，应该及时调整。

（2）张紧时手动或操作自动黄油枪向张紧油缸注油张紧履带。

（3）履带张紧程度要适当，履带张紧后要有一定的垂度，其垂度值为 $50\sim70$ mm。

（4）当发现履带张紧不良时应及时进行调整。

4 作业操作

4.1 电气操作

（1）向右扳动电气操作箱面板钥匙开关手柄至"接通"位置，此时前后照明灯同时亮。检查机器周围，如果没有异常情况，即可按如下顺序开机操作。

（2）按下电铃开关，发出开机信号。并观察工作现场，确认不能发生机械和人身事故方可开机。

（3）按下启动 1 开关，油泵即可启动运转。按下停止 1 开关，油泵电机停止开关，运行中的油泵电机运行停止（试车时应注意油泵电机运转方向，若反转应重新接线）。

（4）若需探水电机作业，按下启动开关 2 开关，二运电机运行。按下停止 2 开关，运行中的二运电机运行停止（试车时应当观察二运电机的旋转方向，若反转，需重新接线）。

（5）注意不允许在不需要紧急停止的情况下利用急停按钮停整机，也不允许利用停油泵电机的方法停其他电机。

（6）停机后，注意切断电源，取下电源开关手柄。

4.2 钻孔作业

（1）煤矿用钻装探机组打孔采用液压控制，钻孔前，先将扒斗机构总成调整到不与钻臂干涉的位置，然后切换先导开关锁住扒斗机构，使其不能动作，保证钻机能够工作。

（2）工作原理：液压凿岩机由液压系统的油缸牵引动作。油缸由多路阀控制实现动作，多路阀控制方式由先导液控和手动控制组成。

钻机的动作分别为：钻机前进、后退；钻臂升、降；钻臂左右旋转；钻臂旋转正负 $180°$；仰俯；侧摆；补偿；推进；钎杆正反旋；水路；气路。钻机钻孔时，当推进油缸推进，凿岩机冲击才能动作；当旋转马达动作时，通过先导控制阀组控制水路和气路同时动作；当钎杆卡死时，通过先导控制阀组控制推进油缸停止推进，凿岩机冲击后反转退回。

（3）钻孔具体操作步骤：

① 启动电机，将装载工作总成停在不与钻臂工作时有干涉的位置；

② 控制钻臂，调整到需要凿岩作业的位置；

③ 接通供水管路；

④ 操纵控制钻臂动作的手柄，将钻臂推进器放到要钻孔的轴线方向；

⑤ 操纵水球阀开关，给凿岩机供水；

⑥ 操纵补偿油缸手柄，使钻臂定位于工作面上；

⑦ 操纵钎杆顺转、逆转手柄进行凿岩作业（顺时针为凿岩作业，逆时针为卸钎杆）；

⑧ 操纵凿岩机前进、后退手柄，使凿岩作业前进或后退；

⑨ 当钎头充分进入岩石确定没有偏斜危险时,推动推进手柄,正式凿岩作业;

⑩ 当推进行程到达终点时,凿岩机滑板与冲击自动停止工作;

⑪ 拉回凿岩推进手柄使凿岩机后退回到原位;

⑫ 完成钻孔作业后钻臂收回至机器后部。

4.3 装运作业

（1）操作顺序

操作顺序:启动油泵电机→将其置于装载工作位置→调整铲板位置→装载装置作业→运输机运转→故障转载设备工作。

（2）作业

CMTZ系列钻装探机组的扒斗装置作业方式为反铲作业,操作时应机动灵活,根据工况联合控制铲斗油缸和斗杆油缸的伸缩以达到最佳的工作状态,具体的操作过程如下:

① 爆破后待炮烟散尽,煤矿用钻装探机组行驶至工作面准备装运,根据实际工况可以将钻进部向外摆动,以扩大扒装机的作业范围。

② 操纵液压手柄使扒装机将物料收到铲板上,装载装置可以左右摆动收集巷道两侧的物料,无死角。

③ 开启运输机马达,将物料运输至机尾的转载设备中,转载设备可以为矿车或胶带输送机。

5 保养维修

日常的检查和维修,是为了及时消除事故隐患,使机器设备能充分发挥作用。因此尽早发现机器各部位的异常现象并采取相应的处理措施,是非常重要的。

（1）日常检查

每天工作前的检查内容及处理措施见表3-54。

表3-54 每天工作前的检查内容及处理措施

检查部位	检查内容及处理措施
扒斗总成	铲齿有无磨损,若有磨损更换
	螺栓类有无松动
液压凿岩机	螺栓类有无松动
钻臂	滑道表面状况
	推进钢丝绳的张紧程度是否合适
	推进凿岩机构的间隙和磨损
	螺栓类有无松动
	软管卷筒及托架
履带总成	1. 履带的张紧程度是否正常
	2. 履带板有无损坏
	3. 各转动轮是否转动
	4. 螺栓类有无松动

表 3-54(续)

检查部位	检查内容及处理措施
运输装置	1. 链条的张紧程度是否合适
	2. 检查刮板、链条的磨损、松动、破损情况
	3. 从动轮的回转是否正常
水系统	清洗过滤器内部的赃物,清洗堵塞的喷嘴
配管类	如有漏油,应充分紧固接头或更换 O 形圈;如胶管护套磨损,定期及时更换
油箱油量	如油量不够,加注油
油箱的油温	油冷却器进口侧的水量充足,以保证油箱的油温在 10~70 ℃范围内
油泵	1. 油泵有无异常声响
	2. 油泵有无异常温升
液压马达	1. 液压马达有无异常声响
	2. 液压马达有无异常温升
换向阀	1. 操纵手柄的操作位置是否正确
	2. 有无漏油
气、水动系统	1. 检查气动二联件是否正常
	2. 检查进水压力是否正常

(2) 定期检查

检查表 3-55 中各项有无异常现象,并参照各部的构造说明及调整方法。

表 3-55　定期检查内容及间隔时间

检查部位	检查内容	间隔时间/h				
		50	200	500	1 000	2 000
扒斗总成	铲斗和连杆的销轴	○				
液压凿岩机	1. 凿岩机与底座螺母拧紧情况	○				
	2. 检查钎尾键槽和螺纹状态及磨损情况		○			
	3. 检查导向环		○			
	4. 检查尾推		○			
	5. 检查钎尾滑套		○			
	7. 检查储能器的压力		○			
	8. 更换供水部位的密封圈		○			
	9. 更换凿岩机旋转部分及冲击部分的密封圈;冲击储能器的薄膜			○		
	10. 检查冲击活塞,长度不小于标准尺寸			○		
	11. 凿岩机主要零部件更换:① 活塞冲击面的磨损;② 检验钎尾的最大伸出长度;③ 检查钎尾的最小尺寸;④ 检测钎尾导向套磨损情况;⑤ 检查钎尾花键套的磨损情况			○		
	12. 凿岩机内各轴承				○	

表 3-55(续)

检查部位	检查内容	间隔时间/h				
		50	200	500	1 000	2 000
凿岩机构总成	1. 螺旋摆动缸连接间隙		○			
	2. 各油缸铰接轴的间隙		○			
	3. 推进机构保养					○
	4. 钻臂机构保养					○
中间架总成	1. 各紧固螺栓有无松动			○		
	2. 向销轴黄油嘴加注黄干油			○		
履带总成	1. 检查履带板		○			
	2. 检查张紧装置的动作情况		○			
	3. 拆卸检查张紧装置				○	
	4. 调整履带的张紧程度			○		
	5. 拆卸检查驱动轮					○
	6. 拆卸检查支重轮及加油					○
	7. 检查张紧轮组及加油				○	
行走减速机	1. 分解检查内部				○	
	2. 换油(使用初期 1 个月后)				○	
运输装置	1. 检查链轮的磨损		○			
	2. 检查溜槽底板的磨损及修补				○	
	3. 检查刮板的磨损		○			
	4. 检查主驱动装置及加油		○			
	5. 检查从动轮及加油				○	
水系统	水动系统的保养		○			
气系统	气动系统的保养		○			
液压系统	1. 检查液压电机联轴器				○	
	2. 更换液压油				○	
	3. 更换滤芯(使用初期 1 个月后)				○	
	4. 调整换向阀的溢流阀				○	
油缸	1. 检查密封状况				○	
	2. 缸盖有无松动		○			
	3. 衬套有无松动,缸内有无划伤、生锈				○	
电气部分	1. 检查电机的绝缘阻抗				○	
	2. 检查控制箱内电气原件的绝缘电阻				○	
	3. 电源电缆有无损伤		○			
	4. 紧固各部位螺栓		○			
	5. 向电机轴承中加注黄干油					○

6 故障分析与处理措施（表3-56、表3-57）

表3-56 故障分析及处理措施

故障现象	原因分析	处理措施
扒斗装置动作不良	1. 各油缸油压不够	调整溢流阀
	2. 铲斗超负荷	减轻负荷
	3. 铲斗卡住	清除石块
液压凿岩机动作不良	1. 旋转体发生故障	检查内部
	2. 冲击体发生故障	检查内部
	3. 旁侧供水部分故障	检查内部
钻臂动作不良	1. 各油缸油压不够	调整溢流阀
	2. 各油缸销轴损坏	检查内部
	3. 推进器钢丝绳张紧不适	调整张紧程度
	4. 推进器凿岩机轨及滑道磨损或变形	检查内部
运输机链条速度低或者动作不良	1. 油压不够	调整溢流阀
	2. 马达内部损坏	更换新品
	3. 运输机超负荷	减轻负荷
	4. 链条过紧	重新调整张紧程度
	5. 链轮处卡有岩石	清除异物
履带不行走或者行走不良	1. 油压不够	调整溢流阀
	2. 马达内部损坏	更换新品
	3. 履带板内充满砂、土并硬化	清除砂土
	4. 履带过紧	调整张紧程度
	5. 驱动轴损坏	检查内部
	6. 行走减速机内部损坏	检查内部
履带跳链	1. 履带过松	调整张紧度
	2. 张紧油缸损坏	检查内部
减速机有异常声响或温度升高	1. 减速机内部损坏（齿轮或轴承）	拆开检查
	2. 缺油	加油
配管漏油	1. 配管接头松动	紧固或更换
	2. O形圈损坏	更换O形圈
	3. 软管破损	更换新品

表 3-57　各部分故障分析及处理措施

	故障	故障部位	故障内容	处理措施
电机部分	1. 油泵电机过流	油泵电机定子电枢	电机过负荷或堵转	调整截割头位置
		电流传感器	电枢内部短路	检查电枢冷态电阻或热态电阻
		智能保护器	传感器回路有问题	更换传感器
			$l \geqslant 3.5 l_e$	
	2. 油泵电机断相	油泵电机回路	油泵电机回路断相	检查相应断点并做出相应的处理
		隔离开关触点	隔离开关断相	检查相应断点并做出相应的处理
	3. 油泵电机漏电闭锁	油泵接触器以下线缆、端子、电机	油泵接触器以下线缆、端子、电机漏电	先断电,用万用表或 500 V 兆欧表复查,找到故障点并做出相应的处理
	4. 油泵电机超温	油泵电机电枢	油泵电机电枢温度超过155 ℃	水冷电机先检查水路,然后检查电机
真空接触器部分	1. 真空管损坏	真空接触器真空管	真空管漏气,触点烧坏	更换相应规格真空接触器
	2. 真空接触器线圈损坏	真空接触器线圈	真空接触器线圈短路、断路,整流二极管损坏	更换相应规格真空接触器
	3. 真空接触器机构损坏	真空接触器机构	运动部位有卡阻,机构间隙变化及其他原因	更换相应规格真空接触器
	4. 真空接触器烧毁	真空接触器本体	由于真空接触器本体受潮、凝露、煤粉等原因引起爬电、击穿等故障	更换相应规格真空接触器
	5. 真空接触器触头动作不同步	真空接触器机构	真空接触器机构须调校	调校或更换相应规格真空接触器
隔离开关部分	1. 隔离开关端子故障	隔离开关端子	隔离开关端子松动、虚连引起发热或断相	更换隔离开关
	2. 隔离开关触点故障	隔离开关触点	隔离开关触点烧蚀或接触不良	更换隔离开关
	3. 隔离开关机构故障	隔离开关机构、手柄	隔离开关机构松脱、卡阻	更换隔离开关
接线端子部分	1. 接线端子绝缘损坏	接线端子	接线端子绝缘损坏导致漏电、爬电	更换接线端子
	2. 接线端子螺纹损坏	接线端子	接线端子螺纹损坏,不能压紧电缆电线接线端子	更换接线端子
	3. 接线端子烧损	接线端子	接线端子由于长时间过热而烧毁,机械电气性能丧失	更换接线端子

表 3-57(续)

	故障	故障部位	故障内容	处理措施
控制保护电气部分	1. 熔断器芯熔断	主回路、控制回路熔断器芯	主回路、控制回路熔断器芯由于过流、短路引起熔断	处理故障点后更换熔断器芯
	2. 小型继电器损坏	中间小型继电器包括插座、触点	小型继电器由于机械原因或触点烧蚀而损坏	更换继电器或插座
	3. 控制变压器损坏	控制变压器	控制变压器由于质量、机械、环境等因素引起的电气故障,如过热、打火、无输出等	更换控制变压器
	4. 开关电源损坏	开关电源	开关电源无输出	检查开关电源的输入电压是否正常;检查开关电源的输入/输出线路是否松动;更换开关电源
控制保护电气部分	1. 控制器损坏	控制器	控制器在条件满足时有输入无输出	更换控制器
	2. 瓦斯报警传感器损坏	瓦斯报警传感器	瓦斯报警传感器有明显的烧痕或有输入无输出或其他	更换瓦斯报警传感器
外围件部分	1. 前、后照明灯不亮	灯泡或 AC36 V 供电线路	变压器不正常	AC36 V 电源是否正常
			线路连接故障	线路连接
			开关故障	更换
	2. 照明灯回路漏电	灯回路	照明灯回路漏电开关跳闸	停电,用万用表检查漏电部位并处理
	3. 电铃不响	电铃或 AC 36 V 供电线路	电源不正常	AC 36 V 电源是否正常
			线路连接故障	线路连接有无问题
			线圈或机构损坏	电铃
	4. 电铃回路漏电	电铃回路	电铃回路漏电报警或跳闸	检查接线穿墙端子和电铃接线腔绝缘
	5. 急停按钮失灵	急停按钮接线腔及回路	按钮接线腔电线接地或松脱	接线且密封螺丝胶圈以配合压紧电缆
			按钮损坏	换急停按钮

第四章 煤矿电气设备防爆

第一节 一般规定

1.1 防爆电气设备(包括小型电器)、电缆的使用,电压等级不得高于其标称电压等级,否则视为失爆。

1.2 非本安型电气设备由于某种原因导致防爆外壳漏电而不能断电的,视为失爆。

1.3 不按规定使用设备或利用开关控制进线装置出入动力线的视为失爆。

1.4 正常运行不产生火花、电弧或危险温度,额定功率不大于 250 W 且电流不大于 5 A 电气设备,允许采用直接引入方式(如接线、控制腔合并)。

1.5 Ⅰ类(煤矿用)电气设备,表面温度应低于表面最高允许温度。没有对表面最高允许温度明确的电气设备,可能堆积煤尘的表面温度严禁超过 150 ℃ 或积尘厚度超过 10 mm,不会堆煤尘的表面温度严禁超过 450 ℃。

1.6 非煤矿专用的工具类电器的使用(如矿井停产检修、预防性试验等),必须采取确保不出现爆炸性环境的具体措施,否则为失爆。

1.7 移动及爆炸性环境关联(如抽放泵)设备不得采用铠装电缆,否则视为失爆。

1.8 采掘工作面外力能冲击到的隔爆型电气设备,应选用钢板或铸钢制成外壳的设备(但电动机除外,机座以外的零部件可以采用 HT250 灰铸铁)。

1.9 隔爆外壳电缆引入接线室出现进入粉尘、水汽或其他腔体进入粉尘的为失爆。

1.10 电气安装与检修,裸露元件的电气间隙小于安全距离的视为失爆。

1.11 电缆终端的地线长度应保证其他芯线在脱离对应接线柱的情况下仍然能固定在对应的接地固定端(如接线柱、接线螺钉)上,否则视为失爆。

1.12 隔爆外壳上的进线装置开口朝上,易导致粉尘、水进入腔体的视为失爆。

1.13 铠装电缆金属铠装层没有直接或经金属外壳良好接地的为失爆。

1.14 发热或产生振动的设备内部连线绝缘护套与壳体产生挤压或摩擦的视为失爆。

1.15 隔爆外壳上的结构(如吊挂、固定)连接部位出现透气的为失爆。

第二节 隔爆型设备

隔爆型(d)外壳及标志,有下列情况之一者为失爆:

2.1 缺失应有的煤安、防爆及警告标志(严禁带电开盖等)或不清晰的(图 4-1、图 4-2)。

(a)   (b)

图 4-1　煤安标志不完好

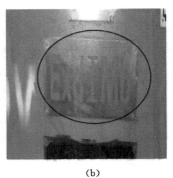

(a)   (b)

图 4-2　防爆标志不清晰

2.2　外壳(含透明件、黏结件)出现裂纹、开焊、严重变形(长度超过 50 mm,且凸凹深度超过 5 mm)的(图 4-3、图 4-4)。

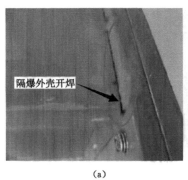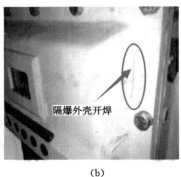

(a)   (b)

图 4-3　开焊

2.3　防爆外壳内外有锈蚀脱皮(锈皮厚度为 0.2 mm 及以上)的(图 4-5)。

2.4　构成隔爆外壳一部分的黏结接合面密封功能丧失或宽度局部变窄的。

2.5　采用熔融玻璃做透明件,通过熔融玻璃接合面壳内外的最短路径小于 3 mm 的。

图 4-4　变形

（a）

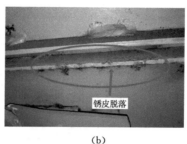

（b）

图 4-5　锈蚀脱皮

2.6　金属制成的电气设备接线空腔内表面耐弧漆面缺损明显的。

2.7　去掉防爆设备接线盒内隔爆绝缘座,隔爆腔（室）直接贯通的（图 4-6）。

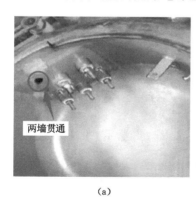

（a）

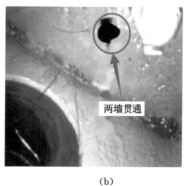

（b）

图 4-6　两腔贯通

2.8　闭锁装置不全、变形或损坏,起不到闭锁作用的。

第三节　隔爆面

隔爆面应保持光洁、完整,需有防锈措施。

3.1 隔爆结合面结构参数要符合下述规定,否则视为失爆。

(1)电气设备的转动防爆结合面与相应外壳容积对应的最大间隙必须符合标准《爆炸性环境 第2部分:由隔爆外壳"d"保护的设备》(GB 3836.2—2010)中表2的规定(图4-7)。

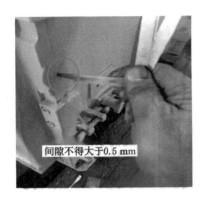

图 4-7 间隙超规定

(2)隔爆接合面的平均粗糙度不得大于 6.3 μm。

(3)接合面应进行防锈处理,但不允许涂漆或喷塑(图4-8)。

(a)   (b)   (c)

图 4-8 有油漆、杂物、锈蚀

(4)隔爆面不锈蚀(用棉纱擦后只留云影,如图4-9所示,手摸无感觉的合格)。

图 4-9 只有云影

（5）用螺栓紧固的隔爆接合面

① 要有防止因设备移动、发热、振动导致螺母松动的弹簧或止动垫圈（构件有不宜加垫圈情况的除外），并紧固（以把垫圈压平为准，经常拆装的螺杆头处宜加平垫减少壳体磨损）（图4-10）。

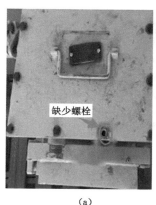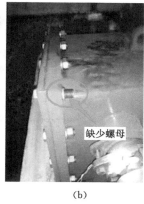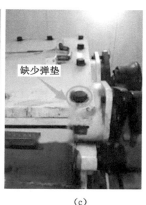

| (a) | (b) | (c) |

图 4-10　缺少螺栓、螺母、弹簧垫圈

② 弹簧垫圈的规格必须与螺栓相适应（出现个别弹簧垫圈失效，但是该处隔爆接合面间隙不超限，立即换合格弹簧垫圈的不为失爆），一条螺栓用多个垫圈的为失爆（图4-11、图4-12）。

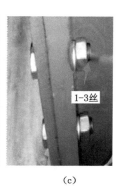

| (a) | (b) | (c) |

图 4-11　规格相同垫片

（螺栓拧紧并垫一个同规格的完好弹簧垫，螺栓露出1～3个螺距，
或螺母紧固后，螺栓螺纹应露出螺母1～3个螺距属于完好）

（3）螺栓或螺孔不能滑扣（但换同径长螺栓加螺母紧固的除外）、锈蚀起皮（图4-13）。

（4）螺栓和不透螺孔的配合，当螺栓不带垫圈被完全拧入隔爆外壳壁的盲孔中时，在孔的底部应至少保留一整扣螺纹的富余量（图4-14）。

（5）同一部位螺栓、螺母的规格应一致，钢紧固螺栓拧入螺母的长度大于螺栓直径。

图 4-12　弹簧垫过大

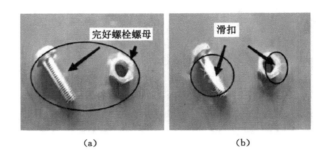

（a）　　　　　　　　（b）

图 4-13　完好螺栓螺母与滑扣

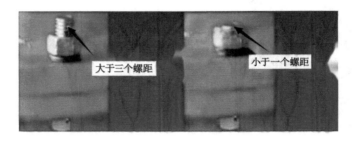

图 4-14　螺栓螺纹出露长度

（紧固带透眼无螺纹的隔爆结合面螺栓螺纹露出螺母大于 3 个螺距
属于不完好；小于 1 个螺距属于失爆）

（6）紧固螺栓拧入螺孔的长度应大于该螺栓的直径，铸铁、铜、铝件应不小于螺栓直径的 1.5 倍。

（7）紧固件应只能用工具（如钥匙、螺丝刀或扳手）才能松开或拆除。

（8）头部带护圈或沉孔的螺栓或螺母，其上端平面不得超出护圈高度，并需用专用的工具才能实现松、紧。

（9）不允许使用塑料或轻合金材质的紧固件。

（10）有正反向的电动机接线盒盖不得上反。

（11）对用于固定螺纹盖的内六角紧固螺钉,紧固以后不得从螺孔中凸出。

（12）未保持专用防爆型使用的连锁装置出现失效的。

3.2 隔爆面上,在规定长度及螺孔边缘至隔爆面边缘的最短有效长度范围内的缺陷不能超过如下规定,否则视为失爆。

（1）对局部出现的直径不大于 1 mm、深度不大于 2 mm 的砂眼,在 40 mm、25 mm、15 mm 的隔爆面上,每平方厘米不超过 5 个,10 mm 的隔爆面不超过 2 个（图 4-15）。

图 4-15 隔爆面有砂眼

（2）偶然产生的机械伤痕,其宽度与深度不大于 0.5 mm,剩余无伤隔爆面有效长度不小于规定长度的 2/3（图 4-16）。

（a）   （b）

图 4-16 机械伤痕

（3）壳体喷漆渗入隔爆接合面长度达到接合面长度 1/3 的或有其他杂物的。

3.3 防爆电动机

（1）电动机轴与轴孔的隔爆接合面在正常工作状态下不应产生摩擦。

采用圆筒隔爆接合面时,轴与轴孔配合的最小单边间隙大于 0.075 mm 的为失爆。

（2）滚动轴承结构,轴与轴孔的最大单边间隙大于表 4-1 中规定值的 2/3 的为失爆。

表 4-1 I 类外壳隔爆接合面的最小宽度和最大间隙

接合面类型		接合面最小宽度 L/mm	最大间隙/mm			
			$V \leqslant 100$ cm³	100 cm³$< V$ $\leqslant 500$ cm³	500 cm³$< V$ $\leqslant 2\,000$ cm³	$V > 2\,000$ cm³
平面接合面、圆筒形接合面或止口接合面		6	0.30	—		—
		9.5	0.35	0.35	0.08	—
		12.5	0.40	0.40	0.40	0.40
		25	0.50	0.50	0.50	0.50
旋转电机转轴接合面	滑动轴承	6	0.30	—	—	—
		9.5	0.35	0.35	—	—
		12.5	0.40	0.40	0.40	0.40
		25	0.50	0.50	0.50	0.50
		40	0.60	0.60	0.60	0.60
	滚动轴承	6	0.45	—	—	—
		9.5	0.50	0.50	—	—
		12.5	0.60	0.60	0.60	0.60
		25	0.75	0.75	0.75	0.75
		40	0.80	0.80	0.80	0.80

注:对于操纵杆、轴和转轴,其间隙是指最大的直径差。

(3)电动机绕组腔内进入粉尘的为失爆。

(4)立式旋转电机或立式旋转风扇,没有防止异物垂直落入或振动进入电机运动部件的防护装置的为失爆。

(5)电动机散热风扇或旋转风扇护罩变形,与叶片出现摩擦的为失爆。

第四节 隔爆腔电线、电缆引入装置

引入装置各构件必须齐全、完整、紧固、密封良好。

4.1 采用弹性密封圈的引入装置

使用弹性密封圈的目的是起到必要的密封作用,并需要具备一定的强度,挡板用于密封、封堵,垫圈用于保护密封圈,使用时要符合以下要求,否则为失爆。

(1)密封圈:内径超过电缆外径 1 mm、内外圆凹凸不平或有粉尘、水汽进入腔体的为失爆(图 4-17)。

(2)联通节内径(D)与密封圈外径的差值:$D \leqslant 20$ mm 时差值大于 1 mm 的,$20 < D \leqslant 60$ mm 时差值大于 1.5 mm 的,$D > 60$ mm 时差值大于 2 mm 的,为失爆(图 4-18)。

(3)直径不大于 20 mm 的圆形电缆或周长不大于 60 mm 的非圆形电缆密封圈的最小轴向非压缩高度小于 20 mm 的为失爆(图 4-19)。

(4)直径大于 20 mm 的圆形电缆或周长大于 60 mm 的非圆形电缆密封圈的最小轴向非压缩高度小于 25 mm 的为失爆(图 4-19)。

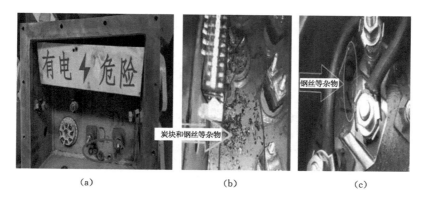

(a)　　　　　　　(b)　　　　　　　(c)

图 4-17　腔内有水珠、杂物

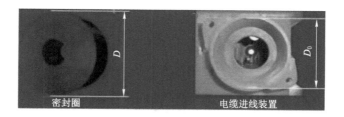

图 4-18　失爆(一)

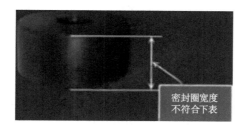

图 4-19　失爆(二)

（5）电缆引入装置或导管密封装置只能使用专用弹性密封圈的,密封圈的最小非压缩轴向密封高度小于 5 mm 的为失爆(图 4-19)。

（6）一个进线嘴内用多个密封圈或密封圈的单孔内穿进多根电缆的为失爆(图 4-20)。

图 4-20　两个密封圈

（7）将密封圈割开套在电缆上的或通过叠加拼凑密封圈高度的为失爆（图4-21、图4-22）。

图 4-21　密封圈割成两半

图 4-22　密封圈割开口

（8）密封圈推荐硬度为45～55邵氏硬度，出现老化（龟裂、发黏、硬化、软化、粉化、变色等现象）失去弹性而永久变形，配合间隙起不到密封应有作用的为失爆（图4-23）。

图 4-23　密封圈老化、破损等失去弹性

（9）橡套电缆外护套伸入接线室器壁内小于5 mm的（应为5～15 mm，大于15 mm的为不完好），或与密封圈套入部分护套人被人为变细的为失爆。

（10）密封圈内外圆缝隙中充填杂物的为失爆。

（11）带螺纹的引入装置，螺纹少于 5 扣、螺纹长度少于 8 mm 且不足 6 扣的为失爆。

（12）螺纹精度低于 3 级、螺距小于 0.7 mm 的为失爆。

（13）进线嘴配置的挡板、垫圈变形明显或锈蚀起皮（金属材料推荐镀锌）的为失爆。

（14）挡板直径比联通节内径小 2 mm 的，单一挡板厚度小于 2 mm 或直径 110 mm 及以上的单一挡板厚度小于 3 mm 的为失爆。

（15）闲置进线装置由内向外不按密封圈、挡板、垫圈、喇叭嘴的次序进行封堵的（可以不用垫圈）为失爆（图 4-24 至图 4-28）。

图 4-24　正确接线方式：喇叭嘴-金属圈-密封圈

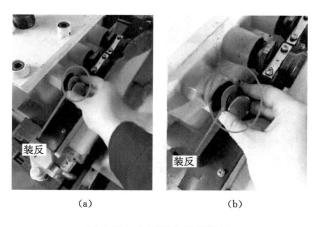

（a）　　　　　　　　　（b）

图 4-25　金属圈和挡板装反

（16）接线的进线装置由内向外不按密封圈、挡圈、喇叭嘴的次序进行固定，或垫圈不能有效保护密封圈的（紧固后密封圈变形明显）为失爆。

（17）进线嘴压紧后密封圈端面与器壁有缝隙或能活动的为失爆。

（18）压盘式进线嘴安装后一只手能使进线嘴明显晃动的为失爆。

（19）密封圈压紧后，喇叭嘴向压紧方向前进量少于 1 mm 的为失爆（图 4-29）。

（20）在进线嘴处，顺着电缆进线方向用一只手能将电缆推动的为失爆。

（21）喇叭嘴损坏严重而影响防爆性能（密封、强度）的为失爆（图 4-30）。

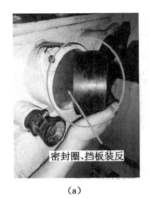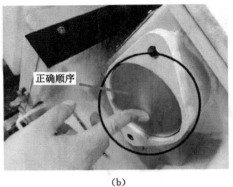

（a）　　　　　　　　　　　　　　　（b）

图 4-26　密封圈和挡板装反

图 4-27　无垫挡板

图 4-28　无密封圈

（22）电缆压板固定电缆的引入装置，电缆固定后的电缆直径变形超过 10％的为失爆（图 4-31）。

（23）螺纹式引入装置因乱扣、锈蚀等原因，压紧不到位或用一只手的拇指、食指、中指能使压紧喇叭嘴向旋进方向前进超过半圈的为失爆（图 4-32 至图 4-34）。

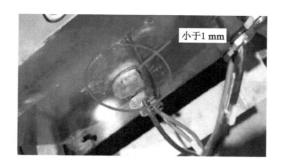

图 4-29　进量小于 1 mm

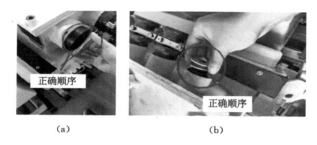

（a）　　　　　　　　　　　（b）

图 4-30　损失严重

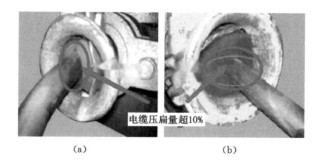

（a）　　　　　　　　　　　（b）

图 4-31　压扁量超 10％

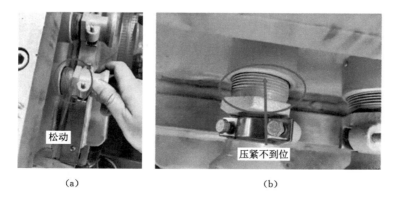

（a）　　　　　　　　　　　（b）

图 4-32　松动

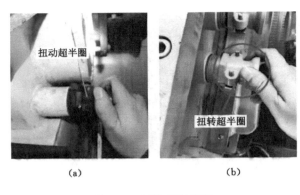

图 4-33 可拧超过半圈

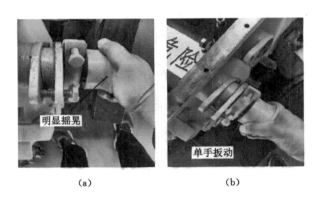

图 4-34 单手扳动摇晃

4.2 其他引入方式

（1）采用接线盒浇注密封引入铠装电缆：绝缘胶没有灌到分岔点以上的，绝缘胶上有裂纹且能相对活动的为失爆。

（2）引入铠装电缆使用密封圈的；不用带"铠装电缆定位卡"的专用引入装置或没有对电缆进行可靠固定的，电缆明显受侧应力（出现密封圈与电缆护套间隙超过 1 mm）的均为失爆。

（3）高压电缆引入装置，未采用与电缆引入装置法兰厚度、直径相符且隔爆面平均粗糙度不超过 6.3 μm 的钢板进行压紧封堵的为失爆。

（4）采用填料密封的引入方式，达不到密封作用和强度标准的为失爆。

（5）绝缘套管引入可能承受扭矩时，作为连接件使用的绝缘套管在接线和拆线过程中应安装牢固，出现转动的为失爆。

第五节 电缆的连接

5.1 非本安系统使用本安型或额定电压等级低的隔爆型接线装置的为失爆。

5.2 铠装电缆采用的连接工艺与产品使用说明不符的为失爆（图 4-35）。

5.3 电缆的末端不接装防爆电气设备或防爆元件的为失爆。

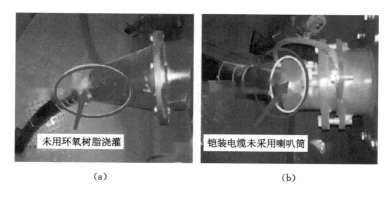

图 4-35 未用环氧树脂浇灌和铠装电缆未采用喇叭筒

5.4 电缆外护套损坏(透气)不及时修补或距引入装置 1 m 范围内损坏的为失爆。

5.5 接线室内芯线上绝缘护套破裂的视为失爆。

5.6 接线裸露导体过长或电气间隙小于限定安全距离(表 4-2)或半导体层清除不干净的为失爆。

表 4-2 非本安接线裸露导体限定安全距离 L

标称电压/V	L/mm	标称电压/V	L/mm	标称电压/V	L/mm
<36	3	550	10	4 200	50
36	3.5	750	14	5 500	60
110	4	1 100	30	6 600	80
250	6	2 200	36	8 300	100
420	8	3 300	44		

5.7 电缆连接时出现"鸡爪子"(图 4-36)、"羊尾巴"(图 4-37)、"明接头"(图 4-38)等现象的为失爆。

图 4-36 "鸡爪子"

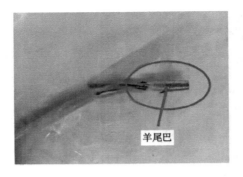

图 4-37 "羊尾巴"

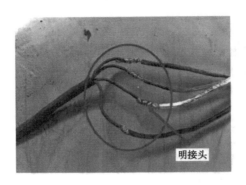

图 4-38 明接头

第六节 隔爆型插接装置

6.1 没有插入插座的插头和元件带电的为失爆。

6.2 防脱保险、电气连锁装置损坏或丢失的,视为失爆。

6.3 带电进行插、拔操作的,视为失爆。

第七节 照 明 电 器

7.1 防爆型灯具,把发光件压口改为螺口的视为失爆。

7.2 隔爆灯具电源断开后才能打开透明罩的连锁装置失效的为失爆。

7.3 防爆型灯具玻璃罩出现松动、裂纹、破损情况之一的,为失爆。

第八节 矿灯及便携式个人装备

井下使用的矿灯必须有防爆标志和煤安标志,有下列情况之一的为失爆:

8.1 突出矿井采用非本安型矿灯或本质安全型矿灯电池盒开裂的。

8.2 非本质安全型矿灯出现灯头、透明件开裂,出现灯头圈松动、锁扣失效的。

8.3　非本质安全型矿灯出现灯线护套损坏透气、灯线窜动、电池盒开裂的。

8.4　携带防护等级低于 IP55 电子手表进入危险场所的。

8.5　不采取适应的预防措施,把没有经防爆及煤安认证的个人装备(手机、相机等)带入危险场所的。

8.6　没有采取适应的预防措施,把非本安型备用电池带入危险场所的。

第九节　其他防爆类型的电气设备

9.1　本质安全型电气设备(i),简称本安型设备。

(1)本安设备接入非本质安全电路或采用非本安电源的为失爆。

(2)本安接地与非本安电路的接地不能有效隔离的视为失爆。

(3)本安需有防止极性接反保护:为了防止本质安全设备电源或电池组的电池之间连接极性接反,在设备内应有防止极性接反的保护措施(如使用一只二极管)。

(4)没有与限流器封装在一起的电池组,不得在爆炸性环境中更换。

(5)所用电源外接本安系统的电容与电感应在该电源允许的范围之内。

9.2　增安型电气设备(e):壳体密封性能及电缆引入标准均依照隔爆型设备管理标准。

9.3　正压型电气设备(p):壳内保护气体压力不能大于外部压力的为失爆。

9.4　充油型电气设备(o):透明件不满足观察需要、液面低于最低液位、油绝缘低于限定值、温度达到 100 ℃及壳体出现影响内部电气安全距离的变形均为失爆。

9.5　充砂型电气设备(q):充砂出现松动或内部电气装置出现移位的为失爆。

9.6　浇封型电气设备(m):浇封件或壳体出现开裂的为失爆。

9.7　无火花型电气设备(n):设备运行电压或电流等电气参数超过额定值或壳体出现明显损坏的为失爆。

9.8　气密型电气设备(h):外壳出现漏气或外壳变形影响电气安全距离的为失爆。

9.9　特殊型电气设备(s):

(1)设备运行电压或电流等电气参数超过额定值的视为失爆。

(2)出现构件(含壳体)明显损坏或不按产品使用说明(国家技术监督局备案)使用的视为失爆。

(3)设备上属于隔爆壳体的部件按隔爆型设备管理。

(4)电池(瓶)式电机车电源箱盖闭锁装置不得失效,电源箱内通气间隙要保持畅通。

(5)不得在井下充电硐室以外的地方更换电池。

注:本细则失爆明确为失去应有防爆性能,视为失爆的表述为应进行的管理要求。

第五章 机电运输岗位工操作规程

第一节 立井机电运输岗位工操作规程

提升机司机安全操作规程

1. 一般规定

第 1 条 本规程适用于地面主、副井提升机司机,凿井用提升机司机,直径 1.6 m 及以上其他提升机司机的运行操作。

第 2 条 司机必须经过培训,考试合格,取得资格证后,持证上岗。

第 3 条 司机应熟悉设备的结构、性能、技术特征、工作原理以及供电系统、信号联系方式。

第 4 条 生产和凿井用主要提升机必须配有正、副司机,每班不得少于 2 人。

第 5 条 司机严格执行交接班制度、岗位责任制以及有关的其他制度,严格遵守《煤矿安全规程》的有关规定。

第 6 条 将工具、备品摆放整齐;认真填写各种记录。

2. 操作前的准备

第 7 条 司机接班后应做好必要的检查和准备工作,要求做到:

(1)各紧固螺栓不得松动,连接件应齐全、牢固。

(2)减速器的温度、声音无异常,联轴器间隙应符合规定,防护罩应可靠。

(3)轴承润滑油油质清洁,油量适当,油环转动灵活、平稳;润滑系统的泵站、管路完好可靠。

(4)各种保护装置及电气闭锁必须完整可靠;声光和警铃都必须灵敏可靠。

(5)离合器油缸和盘式制动器不得漏油。

(6)各种仪表指示应准确。

(7)信号系统应正常。

(8)检查钢丝绳的排列情况及衬板、绳槽的磨损情况。

(9)检查中发现的问题,必须及时处理并向当班领导汇报,经处理符合要求后方可正常开车。

3. 操作

第 8 条 司机应熟悉各种信号,操作时必须严格按信号执行:

（1）司机不得无信号开车。

（2）当司机所收信号不清楚或有疑问时，应立即用电话与信号工联系，要求重发信号，再进行操作。

（3）司机接到信号因故未能及时执行时，应通知信号工，申请原信号作废，重发信号，再进行操作。

（4）罐笼（箕斗）在井口停车位置，若因检修需要动车时，应与信号工联系，按信号执行。

（5）罐笼（箕斗）在井筒内，若因检修需要动车时，应事先通知信号工，经信号工同意后，可做多次不到井口的升降运行；完毕之后再通知信号工。

第 9 条　进行特殊吊运时，其速度应符合下列规定：

（1）使用罐笼运送火工品时，运行速度不得超过 2 m/s。

（2）使用吊桶运送火工品时，其速度不得超过 1 m/s。

（3）运送火工品时，应缓慢启动和停止提升机，避免罐笼或吊桶发生振动。

（4）吊运特殊大型设备（物品）及长材料时，其运行速度一般不应超过 1 m/s。

（5）人工验绳的速度一般不大于 0.3 m/s。

（6）因检修井筒装备或处理事故，人员需站在提升容器顶上工作时，其提升容器的运行速度一般为 0.3～0.5 m/s。

第 10 条　提升机启动前应做以下工作：

（1）依序送上高低压柜、控制柜、操作台电源。

（2）启动辅助设备：

① 液压站或制动油泵。

② 润滑油泵。

（3）观察电压表、油压表、电流表、速度表及系统各种指示信号是否正常。

（4）将司机台各转换开关置于预定运行方式所需位置。

第 11 条　提升机的启动与运行：

（1）接到开车信号后，松开保险闸。

（2）手动启动时，根据信号及深度指示器所显示的容器位置，确定提升方向、操作工作闸，操作主令控制器或速度给定旋钮启动提升机，使提升机均匀加速至规定速度，达到正常运转。

（3）自动启动时，将"手动/自动"选择转换开关置于自动位置，使提升机自动运行。

（4）提升机在启动和运行过程中，应随时注意观察以下情况：

① 电流表、电压表、油压表、速度表等各指示仪表指示是否正常。

② 深度指示器指针指示是否正常。

③ 信号盘的信号变化情况是否正常。

④ 各运转部位有无异响、异振。

⑤ 各种保护装置是否正常。

第 12 条　提升机正常减速与停车。

（1）根据深度指示器指示位置或警铃示警及时减速：

① 将主令控制器拉（或推）至"0"位。

② 用工作闸点动施闸，按要求及时准确减速。

③ 对有动力制动或低频制动的提升机使制动电源正常投入，确保提升机正确减速。

（2）根据终点信号，及时用工作闸准确停车。

第 13 条　提升机运行过程中的事故停车。

（1）运行过程中出现下列现象之一时，应立即断电停车：

① 电流过大，加速太慢，启动不起来。

② 运转部位发出异响。

③ 出现情况不明的意外信号。

④ 过减速点不能正常减速。

⑤ 出现其他必须立即停车的不正常现象。

（2）运行过程中出现下列情况之一时，应立即断开高低压电源，使用保险闸进行紧急停车：

① 工作闸操作失灵。

② 接到紧急停车信号。

③ 接近正常停车位置，不能正常减速。

④ 出现其他必须紧急停车的故障。

（3）缠绕式提升机，在运行过程中出现松绳现象时应及时停车反转，将松出的绳缠紧后停车检查。

（4）停车后应立即上报主管部门，通知维修工处理，事后将故障及处理情况认真填入运行日志。

第 14 条　在进行下列提升任务时，必须执行 1 名司机操作、另 1 名司机监护：

（1）升降人员。

（2）运送火工品等危险品。

（3）吊运特殊大型设备及器材。

第 15 条　监护司机的职责：

（1）监护操作司机按照提升人员和下放重物的规定速度操作。

（2）及时提醒操作司机进行减速、制动和停车。

（3）遇到应紧急停车而操作司机未操作时，监护司机可直接操作保险闸手把或按下跳闸连锁按钮紧急停车。

第 16 条　双滚筒缠绕式提升机的对绳操作：

（1）对绳前，必须将两钩提升容器卸空，并将活滚筒侧容器放到井底。

（2）每次对绳时，应对活滚筒套注油后再进行对绳。

（3）对绳时，必须先将活滚筒固定好，方可打开离合器。

（4）在合离合器前，应进行对齿，并在齿上加油之后再合离合器。

（5）离合器啮合过紧，退不出或合不进时，可以送电，使死滚筒少许转动后再退（合），不得硬打，以防损坏离合器。

（6）对绳期间，严禁单钩提升或下放。

（7）对绳结束后检查液压系统，各电磁阀和离合油缸位置应准确，并进行空载运行，确认无误时方能正常提升。

第 17 条　提升机司机应进行班中巡回检查。

（1）巡回检查每小时不少于 1 次。

（2）巡回检查要按主管部门规定的检查路线和检查内容依次逐项检查，不得遗漏。

（3）在巡回检查中发现问题时要及时处理；不能处理的，应及时上报，通知维修工处理；对不立即产生危害的问题，要进行连续跟踪观察，监视其发展情况。

（4）所有问题及处理经过，必须认真填入运行日志。

第 18 条　提升机司机应遵守以下操作纪律：

（1）司机操作时，手不准离开手把；严禁与他人闲谈；开车时不得接打电话。

（2）在工作期间不得离开操作台，不得做其他与操作无关的事；操作台上不得放与操作无关的异物。

（3）司机应轮换操作，每人连续操作时间一般不超过 1 h，换人时必须停车。

（4）对监护司机的警示性喊话，禁止对答。

第 19 条　提升机司机应遵守以下安全守则：

（1）禁止超负荷运行（电流不超限）。

（2）非紧急情况，运行中不得使用保险闸。

（3）斜井提升矿车脱轨时，禁止用绞车牵引复轨。

（4）不得调整制动闸。

（5）不得变更继电器整定值和安全装置整定值。

（6）检修后必须按照有关规定进行试车。

（7）操作高压电器时，应按《煤矿安全规程》的要求，戴绝缘手套，穿绝缘靴或站在绝缘台上，一人操作，一人监护。

（8）检修人员接近或进入转动部件前，应落下保险闸，切断电源，并在闸把上挂上"有人工作，禁止动车"警示牌。工作完毕，摘除警示牌，并应缓慢启动。

（9）停车期间，司机离开操作位置时必须做到：

① 安全闸在抱闸位置。

② 主令控制器手把置于中间"0"位，或控制开关在"停止"位置。

③ 切断主控回路电源。

（10）在设备检修及处理事故期间，司机应严守岗位，不得擅自离开提升机房。斜井提升机司机需离开操作岗位处理事故时，至少应留一人坚守操作岗位。检修需要动车时，必须由专人指挥。

（11）在检修及处理事故后，司机会同维修工认真检查验收，并做好记录，发现问题应及时处理。

第 20 条　操作运行中的注意事项：

（1）在整个操作过程中要集中精力，要随时注意观察操作台上的主要仪表（如电压表、电流表、气压表、油压表、速度表等）的读数是否在正常的范围内变化。

（2）要注意提升机在运转中的声音是否正常。

（3）对于单绳缠绕式提升机，要注意钢丝绳在滚筒上缠绕的排列位置是否整齐。

（4）司机应注意观察深度指示器指针的位置和移动的速度是否正常，当指到减速阶段开始的位置时，及时进行减速阶段的操作。

（5）注意听信号和观察信号盘信号的变化。

（6）注意观察各种保护装置的声光显示是否正常。

（7）提升机在常速运转时，电动机操纵手把应在推（或扳）的极限位置，以免启动电阻过度发热（交流电动机）。

（8）单钩提升下放时注意钢丝绳跳动有无异常，上提时电流表有无异常摆动。

（9）正常终点停车时，司机应注意以下几点：

① 注意深度指示器终端位置或滚筒上的停机位置标记，随时准备施闸。

② 使用工作闸制动时，不得过早和过猛，直流拖动提升机应尽量使用电闸，机械闸一般在提升容器接近井口位置时才使用（紧急事故除外）。

③ 提升机减速时不准合电顶车，必须将主令控制器手把放在断电位置，适当用闸。

④ 提升机断电时机应根据负荷来决定，如过早，则要合二次电；过晚，则要过度使用机械闸，这两种情况都应该尽量避免。

⑤ 停车后必须把主令控制器手把放在断电位置，将制动闸闸紧。

立井信号工安全操作规程

第 1 条　立井信号工必须经过培训，考试合格，取得资格证后，持证上岗。

第 2 条　接班上岗后，必须按照规定对信号系统的开关、按钮、信号灯、电话及属于信号工操作的设备进行检查，认定后试打一次信号，以确保信号系统运行正常。

第 3 条　立井信号工必须听从立井把钩工的指挥，正常提升时，没有立井把钩工的命令，不得随意发信号。

第 4 条　立井信号发送操作程序：

（1）上口立井把钩工向立井信号工发出开车指令后，上口立井信号工还要征得下口立井信号工的同意后，方可向绞车房发送正确的信号。

（2）下口立井把钩工发出开车指令后，由下口立井信号工向上口立井信号工要点。上口立井把钩工接点后，向上口立井信号工发出开车指令，上口立井信号工方可向绞车房发出正确的开车信号。

第 5 条　立井信号工在发送信号时，应一听、二看、三发点，发出的信号要清晰、可靠、准确。

第 6 条　下放超长和特殊物料时，立井信号工必须向绞车司机说明情况。

第 7 条　在提升过程中，发现钢丝绳异常摆动、松弛，运行罐笼有异响等不正常现象时，必须立即发出停车信号。

第 8 条　严格、正确地按规定的信号标志发送信号。

立井把钩工安全操作规程

第 1 条　立井把钩工必须经过培训，考试合格，取得资格证后持证上岗。

第 2 条　上岗前必须穿好工作服、工作靴，戴好工作帽，佩戴哨子，持证上岗。

第 3 条　在每班工作前必须对罐挡、摇台、阻车器、推车机、安全门及井口连锁装置进行检查，发现问题及时汇报解决。

第 4 条　升降人员时，必须待罐笼停稳，下口要放摇台，等罐内人员下完，方可指挥人员严格按规定人数乘罐，同时要检查罐门是否关好，乘罐人员的肢体是否漏出罐外和所携带的工具、物品是否保管好，确认安全后，关闭安全门，方可向立井信号工发出开车指令。

第 5 条　提升物料车时，必须使罐笼停在正常装车位置并停稳，方可进行装车。车辆通过阻车器后要及时关闭，车辆入罐后及时关闭罐挡和安全门。如特殊车辆不能使用罐挡时，必须用木楔在车辆的轮下分别进行固定，检查、确认后，方可向立井信号工发出开车指令。

第 6 条　装卸大、长物料时，必须按专项安全施工措施的规定和要求进行装卸，悬空作业系好保险带。

第 7 条　下放危险品时，必须制定安全措施，由专人负责，在非上下班时进行。

第 8 条　立井把钩工必须严格遵守岗位责任制和交接班制度，严格执行立井井筒提升的有关安全规定。

井筒装备维修工安全操作规程

第 1 条　井筒装备维修工必须经过培训，考试合格，取得资格证后持证上岗。

第 2 条　井筒装备维修工应保持相对稳定，明确分工，落实责任。

第 3 条　井筒装备维修工应经过机械维修、高空作业、起重等基础作业培训。

第 4 条　井筒装备维修工作业时不应少于 2 人。

第 5 条　井筒装备维修工应熟知所检查和维修的钢丝绳及各种井筒装备设施的结构、性能、技术特征与安装、检修、质量要求、完好标准、安全技术措施，并了解井筒淋水和井壁状况的变化情况。

第 6 条　井筒装备维修工必须熟知井筒作业及验绳的各种联络信号。

第 7 条　井筒装备维修工班前严禁喝酒。

第 8 条　多人（2 人以上）从事一项井筒作业时，要设作业负责人和安全员，统一指挥作业及检查安全状况。进行井筒维护、检修检查作业时，不得上方、下方多组人员平行作业，只能按自上而下的顺序作业。因情况特殊，需多层同时作业时（如更换罐道）必须制定安全措施。

第 9 条　井筒维修工作需进行电、气焊作业时，必须制定相应的烧焊安全措施，并经过上级主管部门领导审批后方可进行。

第 10 条　钢丝绳检查作业前应做好下列准备工作：

（1）了解并掌握所负责的钢丝绳及其提升系统的技术参数和质量标准。

（2）应对所使用的量具、工具和检验仪器进行认真检查和校验。

（3）在检查之前应做好起始标志和计算长度的标志，在同一根绳上每次检查的起始标志应一致。

（4）检查工作开始前要与提升机司机、监护人员及立井信号工共同确定好检查联系信号,检查期间不得同时进行井筒和提升机的其他检修作业。

第 11 条　井筒维修作业前应做好下列准备工作:

(1)由施工负责人向参加井筒维修作业的全体人员讲明本次作业对象作业环境、作业程序及质量要求,由施工负责人和技术员一起向作业人员贯彻安全措施。

(2)由作业负责人和安全监护人负责检查所用的工具、设备、器材是否齐全合格,安全带及工具上的绑绳是否牢靠。

(3)由施工负责人与井上、下信号工,把钩工和绞车司机联系好,确定提升速度、作业内容、时间和约定信号等。

(4)上、下井口应设警戒,20 m 范围内不准有无关人员,清理干净井口附近的浮煤、杂物等。

(5)作业人员需站在罐笼或箕斗顶上作业时,必须遵守以下事项:

① 罐笼或箕斗顶上必须设护栏和保护伞(棚)。

② 作业人员必须佩带保险带和安全帽。

③ 提升容器的提升速度一般为 0.3~0.5 m/s,最大不能超过 2 m/s。

④ 同一井筒的另一套提升设备不准运行。

⑤ 作业所用工具、量具必须用绳拴牢,绳的另一端应固定在可靠位置,以防坠落。

第 12 条　对使用中钢丝绳的日常检查应采用不大于 0.3 m/s 的验绳速度,用肉眼观察和手捋摸的方式进行。

第 13 条　验绳时禁止戴手套或手拿棉布,用手直接抚摸可能发生的断丝和绳股凹凸等变形情况。

第 14 条　验绳时,应每次验绳的全长,在井口验绳时应系安全带。

第 15 条　应利用深度指示器或其他提前确定的起始标志,确定断丝、锈蚀或其他损伤的具体部位,并及时记录。对断丝的突出部位应立即剪下、修平。

第 16 条　对容器停车位置的主要受力段和断丝、锈蚀较严重的区段,均应停车详细检查。

第 17 条　若检查时发现钢丝绳出"红油"、说明绳芯缺油内部已经锈蚀,应特别注意,仔细检查。

第 18 条　对使用中的钢丝绳日检时,除包含日检全部内容外,还应详细检查提升容器在上井口和井底时,钢丝绳从滚筒到天轮段,详细检查钢丝绳有无断丝;用游标卡尺测量直径。

第 19 条　不得用汽油、煤油等挥发性油类清洗钢丝绳。

第 20 条　检查井筒装备时,只允许从上往下检查(包括天轮平台和井架),并随时清扫浮在罐道梁上的碎石、木块、浮煤和其他杂物。

第 21 条　检查罐道和各部件间隙或清除间隙中浮物时,应采用工具,不能直接用手,以防挤伤。

第 22 条　进行更换罐耳、换绳、紧固罐道螺钉等项作业时,应注意配合,工具应拴保险绳,传递零部件时要等对方拿稳后再松手。

第 23 条　在更换罐道、井筒电缆、风水管路等大型维修项目需分班分组作业时,应按

施工进度表及程序顺序作业,在交接班时必须做到:

(1) 核对工程进度。

(2) 临时悬挂紧固装置应可靠,并一一交代清楚。

(3) 将入、出井筒的工具、零配件一一点清交接。

(4) 交接的安全带必须由安全负责人逐条检查,方可再次入井使用。

(5) 工作时工具的保险绳应逐一检查,确认拴绑牢固可靠后方可再次入井使用。

第 24 条　钢丝绳检查结束后,应将检查结果逐项填入钢丝绳检查记录簿,并将检查情况向提升机司机通报,检查中发现异常情况立即向有关领导汇报。

第 25 条　井筒装备检修结束后,应清理施工现场,清点工具、材料、配件等,及时通知并配合司机、信号把钩工进行试运行,试运行一个循环后才能正式提升,并将检修内容及发现的问题如实填写检修记录,及时向有关领导汇报所发现的问题。

第 26 条　检查、检修项目结束后,应由专人负责进行质量检查,确认无问题后才能投入运行。

矿井大型设备维修电工安全操作规程

第 1 条　矿井大型设备维修电工必须经过培训,考试合格,取得资格证后,持证上岗。

第 2 条　矿井大型设备维修电工必须严格执行《煤矿安全规程》有关规定和电气相关作业规程。检修质量应符合《煤矿机电设备检修技术标准》(MT/T 1097—2008)的有关规定。矿井大型设备维修电工必须熟练掌握所维修设备的结构、性能、技术特征、工作原理、电气系统原理图和各安全保护装置的作用。

第 3 条　作业前对所用工具、仪表、保护用品认真检查、调试,确保准确、安全、可靠,由专人负责对设备停、送电。作业前挂"停电作业"牌,并进行验电、放电、接临时对地线等项安全措施。

第 4 条　操作高压电气设备时,必须戴合格的绝缘手套,穿绝缘靴、一人操作、一人监护、在停电后的开关上挂警示牌。

第 5 条　对所维修的电气设备应按规定进行巡回检查,并注意各部位温升和有无异响、异味、异振。安全保护装置定期维修、试验和整定。

第 6 条　在试验采用新技术、新工艺、新设备和新材料时,应制定相应的安全措施,报领导批准。

第 7 条　对检修后的电气设备、机械保护装备进行测试和联合试验,确保整个保护系统灵敏可靠。

第 8 条　检修后的设备状况向操作人员交代清楚,由检修、管理、使用三方共同检查验收后,方可投入正常使用。

矿井大型设备维修钳工安全操作规程

第 1 条　矿井大型设备维修钳工必须熟悉所维护设备的结构、性能、技术特征、工作原理。必须经过培训,考试合格,取得资格证书后持证上岗。

第 2 条　矿井大型设备维修钳工对设备检查和维护内容:

（1）设备零、配件是否齐全、完好、可靠。

（2）对安全保护装置要定期调整、试验。

（3）对设备运行中发现的问题，要及时检查、处理。

第3条　矿井大型设备维修钳工要熟练掌握设备检修内容、工艺过程、质量标准和安全技术措施，保证检修质量和安全。

第4条　设备检修前将检修用备件、材料、工具、量具设备和安全保护用品准备齐全，并认真检查和试验。作业前切断或关闭所检修设备电源、水源等。对作业场所的施工条件要进行检查，以保证作业人员和设备的安全。

第5条　设备经下列检修应进行试运转：

（1）设备经过修换轴承。

（2）压风机、水泵修换本体主要部件。

（3）减速器更换齿轮。

（4）提升系统检修罐道，检修制动系统，解体提升机本体。

第6条　高空和井筒作业时，必须戴安全帽和保险带。未经总工程师批准严禁上下平行作业。

第7条　检修后应将工具、材料，换下零部件进行清点，对设备进行全面检查，不得把无关零件、工具等留在机腔内，在试运转前由专人复查一次。

第8条　搞好检修现场的环境卫生，认真填写检修记录。

抓岩机司机安全操作规程

第1条　抓岩机司机必须熟悉机械性能、构造，做到熟悉操作。必须经过培训，考试合格，取得资格证书后持证上岗。

第2条　接班后，由机电检修工认真检查电控，电磁铁及电机电动部分，电控部分以及制动装置、油压系统、传动装置等机械部分是否完好，由抓岩机司机检查风动开关是否灵活可靠，风巷标点是否牢靠，抓片及其他部分有无损物，开试车检查控制阀和气缸有无故障，发现问题及时处理，方可操作。

第3条　出矸时，避开吊桶及大抓悬吊绳位置抓出水窝，同时抓平吊桶位置使吊桶座平。

第4条　抓岩机推拉到位，确定抓岩机位置时，抓岩机司机与工作人员相互通知，密切配合，统一行动，移动抓斗时，可手扶连杆向前推进或拴麻绳拉扯，禁止手抓抓片，推拉抓岩机。

第5条　抓岩机司机应尽量利用抓斗的摆惯性，合力使抓斗按扇形推进，到位后立即避开抓斗回摆方向，以防抓斗撞击，向吊桶卸矸时吊桶边上不得站人。

第6条　抓岩机工作时，禁止抓片取物和送物，必须在通知抓岩机司机停抓后进行。

第7条　禁止扳动岩石或拔钎杆。

第8条　叶片间夹有大块矸石时，应放开重抓，当片内卡有大块矸石时，不准在吊桶上撞，应用手镐除掉。

第9条　设紧急断电信号及在井口信号室设紧急断电开关，升降时，若电开关失灵，立即发断电信号,通知信号工切断电源。

第 10 条 电动部位、风动部位及抓岩机司机要密切配合,向吊桶卸矸时要稳、准、快、高度适宜,以提高抓岩机效率。

第 11 条 矸石抓完后将抓斗内外矸石杂物清除干净,操作杆线整理捆扎好,并将抓片收拢后,才能上提至安全高度。同时将地面稳车电源切断,开关闭锁。

第 12 条 抓岩机电控及控制机构应定期检查,保持完好,抓岩机内余风未净前禁止打开修理。在抓岩机工作中,禁止地面机电检修工检修电控及其他部分。

竖井钻机司机安全操作规程

第 1 条 竖井钻机司机必须熟悉设备性能、构造,做到熟悉操作。必须经过培训,考试合格,取得资格证书后持证上岗。

第 2 条 钻机下井前的准备:

(1)每班下井前必须将各油雾器都加满油之后将油盖拧紧。

(2)检查各管路部分是否渗漏,发现问题及时处理。

(3)操纵推进油缸使凿岩机上下滑动,看其运行是否正常。

(4)检查钎头、钎杆水眼和凿岩机水针是否畅通,钎杆是否直,钎头是否磨损。

(5)检查吊环部分是否可靠,有无松动等现象。

(6)检查操纵手柄是否在停止位置,检查机器收拢位置是否正确,注意软管外露部分是否符合下井尺寸,以免吊盘喇叭口碰坏管路系统。

(7)钢丝绳分别在推进器上部和下部位置捆紧,防止意外松动。

(8)在井底面中心打一个深度为 400 mm 左右的定钻架中心孔,孔径为 40 mm 左右,安放钻座。

第 3 条 钻机下井及工作面固定:

(1)事先同提升机司机、井口、吊盘和工作面信号工联系好,讲明钻架下落各深度应注意的事项,以便很好配合,确保安全操作。

(2)伞钻上下井转换挂钩时,井盖门必须关上,伞钻通过吊盘喇叭口时,应停下检查是否有凸出部分碰上吊盘,下放伞钻到井底约 300 mm 时,停止下放,放好底座。应将伞钻移至井筒中央,坐于底座上,此时提升机绳将伞钻吊正,随后接通总风管和水管(先用小风吹净管口内污物)。

(3)接通球阀,启动气动马达使油泵工作,供给压力油。操纵立柱油路阀升起支撑臂,伸出支撑爪,撑住井筒壁,整体伞钻垂直固定后放松稳绳少许使之扶住伞钻,确保安全。

(4)支撑臂支撑位置避开升降人员,吊桶及吊泵等设备位置,以免碰坏。同时,在支撑臂撑住井壁后不可开动调高油缸,以免折断支撑臂。

(5)立柱固定时要求垂直井底面,以避免炮眼偏斜和产生卡钎现象。

第 4 条 钻机打眼操作:

(1)首先调整好推进压力,将 0~16 MPa 压力表插头插入操纵台顶上的插座孔(卸掉防尘塞),使钎头顶住井底,根据岩石软硬进行调压,一般为 3~4 MPa 或更小,调压后拧紧调压阀,锁紧螺母卸掉压力表的插头。

(2) 打眼过程中,辅助提升上下人和输送工具时,立井信号工应特别注意,防止碰伤支撑臂、动臂或挤压伤人。

(3) 动臂移动开新眼位,补偿油缸动作,使顶尖缓缓顶紧井筒底面。凿岩过程中,推进器必须在工作面上,不能离地吊打,但顶紧力不能过大,以免损坏橡胶顶皮。

(4) 摆动动臂回转角度时,应注意防止互相碰撞。如遇故障动臂不能工作时,可由相邻动臂帮助继续完成。

(5) 打眼过程中,应随时注意排粉是否畅通。根据钎杆转动速度和凿岩跳动情况来判断打眼过程是否正常,用推进油缸和气水阀来控制。当排粉不良、钎杆转速过慢时,就应该减慢或停止推进,进行强吹风排粉。若不能改善凿岩状态,应分析是否由下列情况所造成:

① 钎头脱落、钎刃损坏、钎杆折断。

② 炮眼倾斜阻力过大即将卡钎。

③ 凿岩机回转部分是否出现机械故障。

④ 进入裂缝淤泥层。

(6) 使用导轨式独立回转凿岩机,主要应着重遵守下列规则:

① 开眼前先打开排粉汽水阀供水,直到拔钎完毕才能关闭。

② 开眼时,小风量开动回转马达,然后将钎头慢慢送到井筒底面,同时小风量开动冲击部分,切忌过猛,推进不可过快,应间断推进,使推进油缸间断供油。

③ 当眼位开得端正,钎头进入岩层约 50 mm 时,即可加大供气量。一般对较软的岩石的冲击力可小些,转钎速度可大些,推进力宜小些。对坚硬岩石,冲击力可大些,转钎速度应低些,推进力应大些。对中硬岩石,在无裂隙断层等特殊地质条件下,回转冲击都可以给较大风量。

④ 当遇有裂隙断层、溶洞而卡钎时,要减小冲击力,加大转钎速度,甚至可以停止冲击,完全依靠转钎来通过卡钎区,推进力要小些(间断推进)。

⑤ 冲击部分要尽量减少"空打"现象,特别是剧烈的"空打",以免损坏机件,研磨缸体活塞或螺母松动等。

⑥ 回转部分应避免剧烈的长时间"空转",以免转速过高,因发热磨损而损坏机件。

⑦ 必须保证充分的润滑油雾,否则容易研磨缸体活塞而停机,缩短零件寿命。

⑧ 凿岩完毕拔钎杆时,一般应开小风量或完全关闭凿岩机冲击部分,而回转部分则视炮眼情况适当降低转钎速度。当钎头退出炮眼时,应立即停止转钎和降低拔钎速度,以免钎杆甩动动作过大。

第 5 条　钻机收尾工作:

(1) 所有炮眼打完后,先将各动臂收拢,停在专一位置上,卸下钎杆,将凿岩机放到最低位置,确保收拢尺寸。

(2) 适当提紧中心稳绳,收拢三个支撑臂后再收回调高油缸,使中心稳绳受力,为防止钻架倾倒,用钢丝绳捆紧。

(3) 停止供气供水,卸掉总风管和水管后,准备提升到井口安全放置。

（4）除信号工外，其余人员在钻架提升之前全部提升至地面。

吊泵工安全操作规程

第1条 吊泵工必须熟悉设备性能、构造，做到熟悉操作。必须经过培训，考试合格，取得资格证后，持证上岗。

第2条 提前30 min到达工作岗位，严格执行交接班制度，查看交接班记录和设备运行记录。

第3条 接班后，首先检查各部位螺栓是否牢固，各润滑点是否注油，垫子、盘根、联轴器是否松动，吸水管及排水管有无堵塞现象。

第4条 开泵前必须对设备进行认真检查，确认无问题后方可启动。

第5条 启动时应首先放净水泵内的空气，灌好引水；如经二次启动，电机仍不转动，必须断开电源进行检查。

第6条 无论因事故停车，还是正常停车，必须切断电源。

第7条 电机运行时，电流不得超过其额定值，电压不得低于额定电压的10%。如发现电机局部温升较高，应停车检查。

第8条 工作场所要有充足的照明，并有备用照明工具，以防突然停电。

第9条 运行中应随时观察仪表，检查设备温度，注意设备声音。

第10条 在水泵运行过程中，要经常观察水位，注意漏水量的变化（特别是雨季更应注意），检查出水口的浑浊情况及泥沙量，发现异常情况及时停泵向上级领导汇报。

第11条 初次投入运行的水泵，在全速运转几分钟后，需停车检查电机和泵体各部位情况是否良好。

第12条 在检修水泵或处理故障之前，必须首先切断电源，挂好"禁止合闸"警示牌后，方可检修；合闸之前，必须确认安全无误后，方可合闸。

第13条 做好设备运行记录、检修记录和交接班记录。

第二节　井下机电运输岗位工操作规程

小绞车司机安全操作规程

1. 一般要求

第1条 小绞车司机必须经过技术培训，考试合格，持证上岗。

第2条 小绞车司机必须了解设备的结构、性能、原理、主要技术参数及完好标准、绞车所在巷道的基本情况（斜长、坡度、安全设施装置、信号联系方法、牵引长度及规定牵引车数等）。

第3条 小绞车硐室应挂有小绞车管理牌板（标明绞车型号、功率、配用绳径、牵引车数及最大载荷、斜巷长度、坡度等）。

第4条 严格执行"行车不行人，行人不行车"的规定。

第5条 小绞车司机必须穿工作服、扎紧袖口、精力集中、谨慎操作，不得擅自离岗，不做与本岗位无关的事情,行车时不准与他人交谈。

2.开车前的检查

第6条　检查小绞车安装地点,顶帮支护必须安全可靠,便于操作和观望,无杂物。检查小绞车的安装固定是否牢固,检查基础螺栓无松动、变位,目视查看滚筒中线是否与斜巷轨道提升中线一致。

第7条　检查小绞车制动闸和工作闸(离合闸)。闸带磨损不得大于2 mm,表面光洁平滑,无明显沟痕,无油泥。各部位螺栓、销、轴、拉杆螺栓及背帽、限位螺栓等完整齐全,无弯曲、变形。施闸后,闸把位置在水平线以上30°～40°即应闸死,闸把位置严禁低于水平线。

第8条　检查钢丝绳:要求无弯折、硬伤、打结、严重锈蚀,断丝不超限,在滚筒上绳端固定要牢固,不准剁股穿绳,在滚筒上的排列应整齐,无严重咬绳、爬绳现象。缠绕绳长不得超过绞车规定允许容绳量,绳径符合要求。松绳至终点,滚筒上余绳长度不得少于3圈。保险绳直径与主绳直径应相同,并连接牢固。绳端连接装置应符合《煤矿安全规程》的相关规定。有可靠的护绳板。

第9条　检查小绞车控制开关、操纵按钮、电机、电铃等应无失爆现象、信号必须声光兼备,声音清晰,准确可靠。

第10条　试空车:可松开离合闸,压紧制动闸,启动绞车空转,应无异常响声和振动,无甩油现象。

第11条　通过以上检查,发现问题必须向区队值班人员汇报,处理好方可开车。

3.启动

第12条　听到清晰、准确的信号后,闸紧制动闸,松开离合闸,按信号指令方向启动绞车空转。

第13条　缓缓压紧离合闸把,同时缓缓松开制动闸把,使滚筒慢转平稳启动加速,最后压紧离合闸,松开制动闸,达到正常运行速度。

第14条　小绞车司机必须在护绳板后操作,严禁在绞车侧面或滚筒前面(出绳侧)操作,严禁一手开车,一手处理爬绳。

第15条　下放矿车时,应与把钩工配合好,随推车随放绳,不准留有余绳,以免车过变坡点突然加速而损伤钢丝绳。

第16条　禁止两个闸把同时压紧,以防烧坏电机。

第17条　如启动困难,应查明原因,不准强行启动。

4.运行

第18条　小绞车运行中,司机应集中精力,注意观察,双手不离开闸把。如收到不明信号,应立即停车查明原因。

第19条　注意小绞车各部位运行情况,如发现下列情况,必须立即停车,采取措施,处理好后再运行:

(1)有异常响声、异味、异状。

(2)钢丝绳有异常跳动;负载增大,或突然松弛。

（3）有严重咬绳、爬绳现象。

（4）电机单相运转或冒烟。

（5）突然断电或有其他险情。

第 20 条 司机应根据提放矸石、设备、材料等载荷不同，根据斜巷的变化起伏，酌情掌握车速。严禁不带电放飞车。

第 21 条 接近停车位置，应先慢慢闸紧制动闸，同时逐渐松开离合闸，使绞车减速。听到停车信号后，闸紧制动闸，松开离合闸，停车停电。

第 22 条 上提矿车，车过上口变坡点后，司机应按信号及时停车，严禁过卷或停车不到位。

第 23 条 严禁超载、超挂、蹬钩、扒车。

第 24 条 处理矿车掉道，禁止用小绞车硬拉复位。

第 25 条 因事故或其他原因车辆在斜巷中停留时，司机应集中精力，注意信号；手不离闸把，严禁离岗。如需松绳处理事故时，必须由施工人员采取措施，将矿车固定好。

第 26 条 如在斜巷中施工，或运送超长、超大物件，应按专项措施执行。

第 27 条 严禁拉空钩头，如需拉空钩头时，必须有专人端扶钩头，绞车速度不得大于 1 m/s。

井下信号工安全操作规程

第 1 条 井下信号工工作必须认真负责，有一定的提升把钩经验，必须经过培训，考试合格，取得资格证书后持证上岗。

第 2 条 井下信号工在岗位上必须集中精力，细心操作。

第 3 条 井下信号工必须与井下把钩工紧密配合，联系要及时、清晰、准确。

第 4 条 井下信号工操作后，不得离开信号机，遇有异常，立即发出停车信号。

第 5 条 井下信号工必须采用规定的信号指令与提升机司机联系，不得随意更改。

第 6 条 井下信号工不得擅离工作岗位，严禁私自找他人代岗。

第 7 条 井下信号工必须认真执行岗位责任制和交接班制度。

井下把钩工安全操作规程

第 1 条 井下把钩工必须经过培训，考试合格，取得资格证书后持证上岗。

第 2 条 井下把钩工上岗后，必须详细检查防跑车和跑车防护装置、连接装置、保险绳、钩头和接头，并查看钩头 15 m 以内的钢丝绳不得有打结、压伤、死弯等安全隐患，如不符合提升要求，严禁提升。

第 3 条 详细检查巷道，确认无障碍或影响安全提升的安全隐患，以及有无其他工作人员在工作，确认安全无误后方可提升。

第 4 条 井下把钩工在上岗操作前必须扎紧袖口和腰带，做好自身安全保护。

第 5 条 认真检查核对所挂车辆的重量和数量，应符合规定，否则不能开车。

第 6 条 摘挂钩时要等车停稳方可操作，严禁车未停稳操作，操作时严禁站在道心，头部和身体严禁深入两车之间进行操作，必须站在轨道外侧距钢轨 200 mm 左右进行操作。

第 7 条　车辆运行时,井下把钩工要严密注视车辆的运行状态,发现异常立即与信号工联系发停车信号,及时处理。

第 8 条　井下把钩工工作完毕,必须清理现场。

第 9 条　串车进入车场,井下把钩工应做到目接目送,与井下信号工配合,做好随时发出停车信号的准备。

第 10 条　井下把钩工必须严格遵守岗位责任制和交接班制度,严格执行井下平斜巷运输的有关安全规定。

电机车司机安全操作规程

第 1 条　电机车司机必须经过培训,考试合格,取得资格证书后持证上岗。

第 2 条　作业时必须严格执行"手指口述"。

第 3 条　穿戴整齐,衣襟、袖口、衣扣必须做到"三紧"。

第 4 条　操作时,必须保持正确姿势:目视前方,严禁将头或身体探出车外。制动手轮的位置须保持转紧圈数在 2～3 圈范围内。

第 5 条　严禁甩掉保护装置、擅自调大整定值或用铜丝、铁丝等非熔体代替保险丝等熔体。

第 6 条　不得擅自离开工作岗位,严禁在机车行驶过程中或尚未停稳前离开司机室。暂时离开岗位时必须切断电动机电源,将控制器手把取下保管好,扳紧车闸,但不得关闭车灯和红尾灯,在有坡度的地方必须用木楔等将车轮楔住。

第 7 条　机车运行过程中不得使蓄电池过放电。严禁在井下对蓄电池电机车进行拆盖维修。

第 8 条　机车在运行过程中必须注意以下事项:

(1)行驶过程中严禁打开所有电气设备的盖子,如发现异常情况必须立即回车库进行检修。

(2)路过弯道和人员经常行走的地段,要提前鸣号以防机车撞人。

第 9 条　接班司机必须向交班司机详细了解电机车的运行状况,认真检查如下内容:

(1)驾驶室的顶棚和门是否完好。

(2)控制器是否灵活,闭锁装置是否可靠,电瓶固定销是否完好。

(3)照明灯、红尾灯是否明亮,喇叭或警铃音响是否清晰、响亮。

(4)箱盖是否完整盖好,箱盖与车架是否牢固。

(5)蓄电池与回路连接是否良好,电压是否符合规定。

(6)连接缓冲装置是否完好。

(7)砂量是否充足,砂粒质量是否合格;撒砂装置是否灵敏可靠。

(8)机械部分有无缺损,紧固件有无松动。

第 10 条　检查中发现问题时必须及时处理并向当班领导汇报。电机车的闸、灯、警铃、连接器和撒砂装置任何一项不正常或防爆部分失去防爆性能时,严禁使用该电机车。

第 11 条　电机车各注油点应按规定加注润滑油,砂箱内应按规定装满细砂。

第12条 开车前要检查车前车后有无障碍物,开车时要打警铃。

第13条 开车前认真检查车辆连接、装载情况,有下列情况之一时不得开车:

(1)车辆连接不符合标准规定。

(2)牵引车数超过规定。

(3)装载的物料轮廓不符合规定。

(4)运送物料的机车或车辆上有搭乘人员。

(5)运送有易燃、易爆或有腐蚀性物品。

(6)存在其他影响安全行车的隐患。

第14条 严禁司机在车外或不松闸开车。

第15条 按顺序接通有关电路,启动相应的仪表仪器,点亮照明灯、红尾灯。

第16条 接到发车信号后,将控制器换向手把扳到相应位置上。先鸣笛(敲铃)示警,然后松开手闸,按照顺时针方向转动控制器操作手把,使车速逐渐增大到运行速度。

第17条 控制器操作手把由零位转到第一位置时,若列车不动,需将手把转回零位,查明原因。如车轮打滑,可倒退机车,触动放松连接环,然后重新撒砂启动,严禁长时间强行拖曳空转,严禁为防止车轮打滑而拖闸启动。

第18条 控制器操作手把由一个位置转到另一个位置,一般应有3 s左右的时间间隔(初启动时可稍长)。禁止过快越挡;禁止停留在两个位置之间。

第19条 运行中控制器操作手把只允许在规定的"正常运行位置"上长时间停放。

第20条 调整车速时,应将控制器操作手把往复转至"正常运行"及"零位位置"停留,尽量避免利用手闸控制车速。

第21条 正常运行时,机车必须在列车的前端,但调车和处理事故时,不受此限,如果用机车推动车辆,必须听从跟车人的指挥,速度要慢,对车连接时,要随时注意插挂销链人员的安全。

第22条 行驶中,司机必须经常注意瞭望,要按信号指令行车,严禁闯红灯。注意观察人员、车辆、道岔岔尖位置、线路上障碍物等,注意各种仪器仪表的显示,细心操作。

第23条 若车轮滑转,必须将控制器调速手柄打向"0"位,再逐渐加速至正常运行位置。禁止调速手柄未放到"0"制动机车。禁止打反向制动。

第24条 两机车或两列车在同一轨道、同一方向行驶时,必须保持不少于100 m的间距。

第25条 列车行驶速度规定:运送大型材料时,不得超过2 m/s,车场调车时不得超过1.5 m/s。

第26条 接近风门、巷道口、硐室出口、弯道、道岔、坡度较大或噪声大等处所,双轨对开机车会车前,以及前方有人、有机车或视线内有障碍物时,必须减速慢行,并发出警告信号。

第27条 电源中断时,必须将控制器的操作手把转回零位,然后重新启动。若仍然断电,应视为故障现象,及时进行处理。

第28条 列车出现异常时,必须减速停车;有发生事故的危险或接到紧急停车信号时,必须紧急停车。

第 29 条　减速时,将控制器操作手把按逆时针方向逐渐转动,直至返回零位,大幅度减速时操作手把应迅速回零。如果车速仍然较快,可适当施加手闸,并酌情辅以撒砂。禁止在操作手把未回零位时施闸。停车时,应按上述操作顺序使列车缓慢行至预定地点,再用手闸停止机车。严禁使用"逆电流",即"打倒车"的方向制动电机车。

第 30 条　紧急停车时,司机必须镇定、迅速地将控制器操作手把转至零位,电闸、手闸并用,并连续均匀地撒砂。

第 31 条　制动时,不可施闸过猛,否则容易出现闸瓦与车轮抱死致使车轮在轨道上滑行。出现这种现象时必须迅速松闸之后重新施闸。

第 32 条　制动结束,必须及时将控制器换向手把转至零位。

第 33 条　列车制动距离规定:运人时不得超过 20 m,运送物料时不得超过 40 m。

第 34 条　途中因故停车时,司机必须立即检查机车并向队值班领导汇报,检查前必须在机车前后设置防护。

第 35 条　司机离开电机车时,必须将换向手柄打至"0"位,并取下钥匙亲自保管。

第 36 条　机车停车时:

(1) 将调速手柄转至"0"位,将换向手柄转至"0"位。

(2) 将制动系统的操纵杆扳至闭合位置。

(3) 制动后,不能迅速停车时,应检查闸带的磨损情况,如磨损超限,必须立即更换。

第 37 条　工作结束后,检查机车完好情况,清洁车辆,整理工具。

电机车充电工安全操作规程

第 1 条　电机车充电工必须经过培训,考试合格,取得资格证书后持证上岗。作业时必须严格执行"手指口述"。

第 2 条　作业时必须穿着规定的劳保用品,衣襟、袖口、衣扣必须做到"三紧",严禁携带烟火。

第 3 条　配置硫酸电解液时必须使用蒸馏水,人员必须佩戴护目镜、口罩、橡胶手套、胶靴、橡皮围裙。

第 4 条　严格按规定领用硫酸,严禁私自领用硫酸。

第 5 条　存放电解液的容器必须坚固耐酸碱。在调和电解液时必须将硫酸缓慢倒入水中,严禁向硫酸内倒水,以免硫酸飞溅,烫伤工作人员。

第 6 条　配制酸性电解液时,充电室内必须有中和电解液的硫酸钠溶液(浓度为 5%),遇到电解液烫伤时应先用其清洗,然后再用清水冲洗。

第 7 条　配制碱性电解液时,事先准备好足够的硼酸(浓度为 3%)和清水,以备皮肤沾碱液时立即用以冲洗。

第 8 条　禁止在充电过程中紧固连接线、螺帽。禁止将扳手等工具物件放在蓄电池上。

第 9 条　碱性蓄电池使用 300～350 个循环及酸性蓄电池使用 6 个月时必须全部更换 1 次电解液并进行清洗,然后按初充电方式进行充电。

第 10 条　每组电瓶使用达 30 个循环时要进行 1 次全面检查,并均衡充电 1 次。每周检查 1 次漏泄电流,清洗 1 次特殊工作栓。每周必须检查和调整每只蓄电池电解液的比重。

第 11 条　严禁占用机车充电。在井下蓄电池充电室内测量电压时,必须在揭开电池盖 10 min 后进行。

轨道工安全操作规程

第 1 条　轨道工懂得轨道敷设的流程及维修方法,并能正确处理轨道运行中出现的一般故障。必须经过培训,考试合格,取得资格证书后持证上岗。

第 2 条　铺设轨道前必须由技术人员核实巷道中心线、轨道中心线、胶带中心线的位置。

第 3 条　铺轨前先准备好一切材料、工具和量具。

第 4 条　装卸、抬运的安全注意事项:

(1)装卸钢轨时,要配足人员,由现场负责人指挥。抬轨时要前后协调一致,同抬同放,不得扔放,以防止伤人。

(2)抬钢轨装车时,最少 8 人,同抬同放,平稳放置到运输车上后,用铁丝和棕绳绑扎牢固,并用 8# 铁丝将道头的螺栓孔连接起来,以防止在斜井运输过程中滑动、下落。每车装轨数不得超过 10 根。

(3)用运输车装运钢轨时,必须在运输车上垫上木轨枕,钢轨两端离轨面不得小于 40 cm,而且不得影响连接器的连接,不要用矿车装运钢轨,以免振动时钢轨滑下。运送道岔时,先将道岔拆开,然后装车运送。

(4)运送钢轨时,要与绞车司机联系好,确保开车平稳。

(5)人力推车运送钢轨时,禁止将手搭在车沿上,要推最长的钢轨的轨头,而且两帮不准有人随行,严禁同时推动两辆车。

(6)抬放钢轨时,严禁上肩,必须借助棕绳和杠子配合抬运,并且钢轨离地面的高度不超过 300 mm,作业人员必须轻拿轻放,手指应躲开轨道底部,人员应站立在轨道外侧 250～300 mm 以外,将钢轨抬至枕木上方然后轻轻放下,以防止钢轨掉落发生意外事故。

(7)人力推车运送轨道时必须时刻注意前方,发现前方有人时,及时发出警告信号或停车。

第 5 条　轨道铺设时的安全注意事项:

(1)安装夹板穿螺栓探眼时、应用单头螺栓扳手或其他工具进行,禁止用手深入孔眼试探。

(2)在一节轨上两头同时工作时,一头移动钢轨必须通知另一头。

(3)道钉必须钉实,不得浮、离、歪、斜、弯。钉道钉时,一人将轨枕撬实,一人砸打。人要在钉道钉的另一侧,手心向上用手指捏钉身,轻轻将道钉打入枕木,直至钉稳后再用力猛砸,道钉要钉成"八"字形或反"八"字形。

(4)捣固时,轨枕下的渣必须捣实,对顶角同时捣固,分段捣固时,分段距离不小于 5 m。

(5)用大锤作业时,首先检查大锤的把子是否牢固,不得有裂纹,锤头不得有毛刺,打锤人和把钎人不准对面工作,以免走锤和甩头伤人。打锤时要前后照看好后再打,同时要准要稳,不准两人背靠背打锤。

（6）用道起子起道钉或起道时,不准握满把,以免压手。

（7）使用起道器要专人掌握,压杠人要斜方向站稳,手脚必须躲开轨面和道木,压完后将杠子抽出,以免跑牙伤人。

（8）使用弯道器拿弯时,要将钢轨顶紧钩牢,方可作业,使用液压弯道器时,严禁站在框架上或液压顶力前方。搬弯道器时,防止砸伤手脚。

（9）在巷道掘进过程中,如在上、下山处铺设轨道时,必须将施工现场上下方的挡车门关闭,施工完毕方可打开,严禁在轨道上、下山区段范围内铺设和检修轨道。

搬运工安全操作规程

第 1 条 搬运工了解矿车的走向,并能正确处理矿车运行中出现的一般故障。必须经过培训,考试合格,取得资格证书后持证上岗。

第 2 条 作业前必须洒水,洒水要彻底,将矿车里润透渣堆,洗净外壁尘灰。

第 3 条 装车不要过满。拽车时不要脚踏铁道,以免撞腿、压脚。

第 4 条 手装时,矿车距渣堆不得小于 1.2 m;要注意把把或转身倒毛时簸箕伤人;渣堆应保持稳定角度;搬大块必须检查有无碎裂危险。

第 5 条 配合装岩机作业应注意下列事项:

（1）不准在铲斗前面、装岩机两侧或矿车的直接后方停留。

（2）不准用耙把以胸顶车。要防止甩落石块伤人。

（3）照看电缆免被车轮碾伤,用手牵拉时应仔细检查有无漏电。

（4）随时清理落地渣,保持巷道清洁。

第 6 条 采用机械化作业时应注意:

（1）操作设备人员要经过安全技术培训考试,在老工人带领下熟悉后方可操作。

（2）要保持设备、设施和供电、开关系统灵活好使,并处于完好状态。

（3）发生电气故障时,要通知电气人员维修,不准擅自处理。

（4）不准在设备运转中检查调整机械各部位零件和进行注油工作。

（5）设备用完后要清扫,存放在固定安全地带。

（6）配合抓岩机作业时,要指定专人指挥并必须遵守下列规定:

① 抓岩机卸渣时不许有人站在吊桶附近。

② 不许伸手到抓岩机叶片下拾取物体。

③ 要指派专人负责打铃。在任何情况下井底作业人员都不允许处于吊桶的直接下方。

第 7 条 推车时应注意的事项:

（1）要手把矿车后端,不准放在两侧,以免被铁管、风筒箍等挤伤。

（2）车前要挂灯,拐弯时要敲打铁管或大声呼喊:"出车啦!",以警告对面来人。

（3）不准撒手放飞车,车速不得超过 3 m/s,前后车距离不得小于 30 m。

第 8 条 车掉道时要发出警告信号,通知前后来车注意。撒在地上的矿渣要及时清理干净。

第9条　路遇行人、通过拐弯、道岔和进入车场、翻车台要减速慢行。

第10条　停车时,头车要刹好,后来的不要冲撞前面的车辆。

第11条　摘、挂车链要在矿车停稳后进行。

井下变电工安全操作规程

第1条　井下变电工必须经过培训,考试合格,取得资格证书后持证上岗。

第2条　井下变电工必须掌握变电所供电系统图,了解变电所电源情况和各开关的负荷性质、容量和运行方式,熟知《煤矿安全规程》的有关内容。

第3条　井下变电工必须熟悉井下变电所主要电气设备的特性、一般构造及工作原理,并能熟练操作。每天定时试验漏电保护装置,并做好记录。

第4条　井下变电所应备有绝缘台、绝缘手套、绝缘靴、高压验电器、接地线等安全用具,并在固定位置摆放整齐。

第5条　井下变电工必须掌握触电急救法和电气设备防灭火知识。

第6条　井下变电工应向接班人详细交代本班供电系统的运行方式、操作情况、本班内未完成的工作及注意事项,特别是本班内因检修而停电的开关、线路、影响范围及停电联系人。

第7条　井下变电工了解电气设备的运行情况:

(1)上岗时要与上级变电所及分管单位分别通话一次,验证通话是否畅通。

(2)检查电气设备上一班的运行情况、操作情况、运行异常情况、设备缺陷和处理情况。

(3)了解上一班发生的事故、不安全情况和处理经过。

(4)阅读上级指令、操作命令和有关文件。

(5)了解上一班内未完成的工作及注意事项,特别是上一班停电检修的线路和有关设备的情况。

(6)清点工具、备件、安全用具、钥匙、消防用品、图纸和各种记录簿。

第8条　接班变电工应了解上一班完成的工作及注意事项,特别是上一班停电检修的线路和有关设备的情况。

第9条　值班变电工负责监护变电所内电气设备的安全运行。应检查内容如下:

(1)电气设备的主绝缘应清洁、无破损裂纹、无异响及放电痕迹。

(2)电气设备的接头应无发热、变色、放电现象。

(3)电缆头无渗油现象。

(4)仪表指示、信号指示应正确。

(5)电气设备接地线应良好。

(6)继电保护指示应正确。

(7)变压器油位、油温应符合规定,设备无渗油。

第10条　值班变电工负责变电所内高、低压电气设备的停、送电操作:

(1)停电操作。值班配电工接到停电指示或持有停电工作票的作业人员停电要求时,进行如下操作:停高压开关时,应填写操作票,核实要停电的开关,确认无误后方可进行停电操作;停电操作必须戴绝缘手套,并穿电工绝缘靴或站在绝缘台上。

停电操作如下:

① 停电顺序为:断路器→负荷侧刀闸→电源侧刀闸;

② 停电后必须进行验电、放电、装设三相短路接地线,并在刀闸操作手柄上悬挂"有人工作、禁止合闸"的标志牌。

③ 低压馈电开关停电时,在切断开关后实行闭锁,并在操作手柄上悬挂"有人工作、禁止合闸"标牌。

(2)送电操作。当值班人员接到送电指示或原停送电联系人要求送电时,应核实要送电的开关,确认无误后方可送电。严禁约定时间送电。

送电操作如下:

① 高压开关合闸送电。填写高压操作票,取下停电作业牌,撤除地线等安全设施,再按停电操作的相反顺序进行送电操作。

② 操作时戴好绝缘手套,并穿上电工绝缘靴或站在绝缘台上。

③ 开关合闸后,要检查送电的电气设备有无异常现象,有关的各种(过流、短路、漏电)保护的工作状态,发生故障时应及时处理,并向有关部门汇报,做好记录。

第 11 条 值班人员必须做好各种记录。

水泵工安全操作规程

第 1 条 水泵工必须经过培训,考试合格,取得资格证书后持证上岗。

第 2 条 开泵前的检查:

(1)检查各部件及润滑情况是否良好。

(2)水仓水位是否适宜开车。

(3)检查靠背轮间隙是否适宜,盘根是否填好。

第 3 条 启动和运转:

(1)首选排出水泵内的空气。

① 有底阀水泵。慢慢开启排水阀,打开放气阀,向泵内注水。待空气排出后关闭排水阀和放气阀,即可启动。

② 无底阀水泵。慢慢开启排水阀,打开射流口截门进行射水,利用射流造成负压仓将泵内空气排出,待真空表达到 400 kg/cm^2 以上时,立即合闭启动。

(2)待水泵达到正常转速,排水压力达到额定压力时,逐渐打开排水阀。

(3)在水泵运转中要经常检查电流表、电压表、压力表、真空表等仪表的读数。

(4)要经常检查各部位的温升,轴承温升不超过 65 ℃。电机不超过铭牌温升。

(5)水泵运行中应注意检查水位。严禁开空泵。

第 4 条 停泵:停泵时先关闭排水阀门,然后再切断电源。

带式输送机司机操作规程

第 1 条 带式输送机司机必须经过培训,考试合格,取得资格证书后持证上岗。

第 2 条　开车前应检查的项目与要求：

（1）各部位螺栓齐全紧固。

（2）清扫器齐全，清扫器与输送带的距离不大于 2～3 mm，并有足够的压力，接触长度应在 85％以上。

（3）机架连接牢固可靠，机头、机尾固定牢固。

（4）托辊齐全，并与带式输送机中心线垂直。

（5）输送带张紧力合适（不得打滑，不得超出出厂规定）。

（6）输送带接头平直、合格。

（7）油位、油质和油封必须符合规定。

（8）通信系统可靠无故障。

（9）各种保护装置齐全、灵敏可靠。

第 3 条　启动运行：

（1）启动前必须与机头、机尾及各装载点取得信号联系，待收到正确信号，所有人员离开转动部位后方可开机。

（2）注意输送带是否跑偏，各部位温度、声音是否正常。

（3）保证所有托辊转动灵活，机头、机尾无积煤、浮煤；操作人员离开岗位时要切断电源并闭锁。

（4）停机前应将输送带上的煤拉空。

第 4 条　司机开机前的准备：

（1）认真检查输送机的传动装置、电动机、减速器、液力耦合器等各部位螺栓是否齐全紧固，是否有渗、漏油现象，油位是否正常。

（2）检查清扫器和各种保护装置是否可靠正常。

（3）检查输送带张紧是否合适，输送带接头是否良好，输送带上有无易伤害输送带的硬物，输送带有无卡堵现象。

（4）检查各导向滚筒、驱动滚筒和上下托辊是否齐全、可靠，安全牢固。

（5）检查消防设施是否齐全。

（6）检查文明生产环境是否良好，各种管线有无挤压、破损。

（7）检查通信系统是否正常。

耙斗机司机安全操作规程

第 1 条　耙斗机司机必须经过培训，考试合格，取得资格证书后持证上岗。

第 2 条　耙斗机司机除正常操作外，还应负责一般故障处理及日常检查、保修、保养工作。

第 3 条　爆破后应先检查工作面瓦斯浓度，在确定瓦斯不超限的情况下方可进入工作面操作耙斗机，以防发生瓦斯爆炸。

第 4 条　工作前应先检查工作地点帮顶及支护情况，进行敲帮问顶。空顶距离超过作业规程规定时，应及时支护，否则不得作业，防止片帮冒顶伤人。

第 5 条　耙斗机装载过程中发现瞎炮时要立即停止作业，按有关规定处理。发现未爆雷管炸药时要及时停机拣出,并交至相关人员。

第6条 装岩前必须洒水灭尘,以防止粉尘飞扬。

第7条 装岩遇到大块矸时,必须人工破碎,严禁强行耙装。避免电机超负荷而烧毁电机。

第8条 掘进上、下山时,耙斗机必须设有防止跑车的安全装置。

第9条 耙斗机司机接班后,要闭锁耙斗机开关,并检查以下部位:

(1)耙斗机周围顶板要坚实,支护要牢固;安设好固定楔,挂好导向轮。禁止将导向轮挂在棚梁或锚杆上。

(2)保持机器各部位清洁,无矸压埋,保证设备通风散热良好。

(3)电气设备上方遇有淋水时,应用防水布在设备上妥善遮盖。防止电气设备漏电伤人。

(4)导向轮悬挂正确,安全牢固,滑轮转动灵活。

(5)钢丝绳磨损、断丝不超过规定,在滚筒上排列整齐。闸带间隙松紧适当。

(6)耙斗机固定符合规程规定,卡轨器紧固可靠。司机操作一侧离巷壁的距离必须保持在700 mm以上,避免空间狭小而使司机操作不便。

(7)各润滑部位油量适当,无渗漏现象。

(8)机器各部位连接可靠,连接件齐全、紧固;各焊接件应无变形、开焊、裂纹等现象。防止发生机械故障。

(9)供电系统正常,电缆悬挂整齐,无埋压、折损、破皮、被挤等现象。

第10条 试机前发出开机信号,严禁在耙斗机两侧及前方站人。启动耙斗机后,在空载状态下运转检查以下各项:

(1)控制按钮、操作机构灵活可靠。

(2)各部位运转声音正常,无强烈振动。

(3)钢丝绳松紧适当,行走正常。

第11条 耙斗机主、尾绳牵引速度要均匀,以免钢丝绳摆动跳出滚筒或被滑轮卡住,造成人员伤亡或机械故障。

第12条 装矸时不准将两个手把同时拉紧,以防耙斗飞起伤人。

第13条 遇有大块矸或耙斗受阻时,不可强行牵引耙斗,应将耙斗退回1~2 m重新耙取或耙耙回回,以防断绳或烧毁电机。

第14条 不准在过渡槽上存矸,以防矸石被耙斗挤出或被钢丝绳甩出伤人。

第15条 当耙斗出绳方向或耙装的角度过大时,司机应在出绳的相对侧操作,以防耙斗窜出溜槽伤人。耙装时,耙斗和钢丝绳两侧严禁有人工作和停留。

第16条 拐弯巷道耙装时,若司机看不到迎头情况,应派专人站在安全地点指挥。

第17条 耙装距离符合作业规程的规定,不宜太远或太近。耙斗机与工作面距离一般为7~20 m。耙斗不准触及两帮和顶部的支护或矸体,以防撞倒支护,造成冒顶。

第18条 耙斗机在使用过程中发生故障时,必须停机,切断电源后进行处理。

第19条 工作面装药时,应将耙斗拉到溜槽上,切断电源,用木板挡好电缆、操作按钮等,防止被崩坏。爆破后,将耙斗机上面及周围煤岩清理干净后方可开机。

第20条　在耙装过程中,司机应时刻注意机器各部位的运转情况,当发生电气或机械部件温升超限,运转声音异常或有强烈振动时,应立即停机,进行检查和处理。

第21条　在平巷中移动耙斗机时,先松开卡轨器,整理好电缆,然后用自身牵引,速度要均匀,不宜过快。若用小绞车牵引时,要有信号装置,并指定专人发信号。耙斗机移到预定位置后,应将机器固定好。

第22条　在上、下山移动耙斗机时执行以下规定:

(1)必须使用小绞车移动耙斗机,并设专职信号工和小绞车司机。

(2)移动耙斗机前,有关人员应对小绞车的固定、钢丝绳及其连接装置、信号、滑轮和轨道铺设质量等进行一次全面检查,发现问题及时处理。

(3)小绞车将耙斗机牵引好之后才允许拆掉卡轨器。

(4)移动耙斗机时,在机器下方禁止有人工作或停留。以防跑车伤人。

(5)耙斗机移到预定位置后,必须先固定好卡轨器及辅助加固设备,方可松开绞车钢丝绳。

(6)在倾角较大的上、下山移动耙斗机时,可采用绞车和耙斗机同时牵引,但必须保证牵引速度相同。

第23条　收尾工作:

(1)耙斗工作结束后,应将耙斗开到耙斗机前,操作手把放在松闸的位置。关闭耙斗机,切断电源,锁好开关,卸下操作手把。

(2)清除耙斗机传动部位和开关上的浮煤,保持周围环境卫生。

井下电工安全操作规程

第1条　井下电工应熟悉工作环境,严格按照《煤矿安全规程》作业。必须经过培训,考试合格,取得资格证后,持证上岗。

第2条　严格执行井下电器有关安全操作规程,严格执行交接班制度。

第3条　必须熟悉井下巷道的动力、照明、通风、信号的线路分布情况及电气设备安装地点。开关要设在安全地点和干燥处。

第4条　井下严禁带电作业,不准指派无电器知识或操作不熟练的人去单独进行电气巡视检查。

第5条　井下电力导线固定敷设的,需使用钢丝或钢带铠装(或铅皮)电缆,竖井垂深超过200 m要用绝缘的铠装电缆,移动式电气设备要用橡胶电缆。禁止使用绝缘不符合要求的电缆。井下照明、信号、电话等导线,不管电压大小都禁止用裸体线,禁止使用裸体的刀形开关和裸露保险器。

第6条　电缆的连接必须符合下列规定:

(1)电缆与机械及器械的连接,必须用接线盒连接,电缆芯线与变压器、电动机或其他电气器械的端子连接,必须使用接线铜头。

(2)铠装与非铠装绝缘电缆以及铠装电缆相互之间连接,均必须用灌充填剂的接线盒,应使其接加到电缆外皮上。

(3)在电力线路中铠装电缆与橡胶电缆的连接,只能经过器械(如启动器、自动开关等)的端钮连接。

（4）橡胶电缆之间的接合，其接头必须达到安全标准。

（5）在工作过程中需要时常拆开的橡胶电缆的连接，可用插销式接线盒连接，插座必须接在电源的一侧。

（6）照明、信号及控制线路的连接，允许用配电箱、接线盒和三通接线盒。

第 7 条　水平巷道和斜井（45°以下）电缆和电线敷设应符合下列规定：

（1）在金属支架、预制混凝土支架和木支架的巷道中悬挂电缆时，不准拉得太紧，只有在不支护或砌旋的巷道内允许牢固地将电缆（线）固定好。

（2）电缆、电线悬挂要整齐标准。

（3）禁止将电缆、电线悬挂在风水管上。动力电缆穿过风水管路或与风水管平行敷设时，要架设在管子上面，彼此间距离不得小于 300 mm。

（4）禁止在水沟中敷设电缆，在巷道的个别地段必须将电缆套入铁管内保护，禁止用木材覆盖电缆。

（5）电缆和电线上禁止悬挂任何物体。

第 8 条　竖井内电缆、电线的敷设要求符合下列规定：

（1）电缆的悬挂必须使用夹子、U 形卡箍或其他可以支持电缆本身重量的悬挂装置，并且不致损坏铠装电缆。

（2）通过钻孔敷设电缆时，必须将电缆牢固在钢丝绳上，当通过不坚固岩石的钻孔时，必须加装钢套管。

（3）电缆固定点之间的距离不得大于 6 m。

（4）由地表经竖井到井下变电所的电缆要敷设两条。

（5）禁止沿竖井的提升间、平衡锤间和人行间敷设电缆，电缆在竖井井筒中不得有接头，电缆接头部分必须设在中段水平，以便装设接头盒。控制电缆、信号、照明等线路，可沿梯子间井壁的一边敷设，但禁止通过梯子口。

第 9 条　橡胶电缆的敷设符合下列规定：

（1）不可悬挂太紧，而且要整齐。

（2）禁止沿地面或穿过漏斗口敷设，通过天井时禁止沿放矿格板一侧敷设。

（3）多余的电缆要整齐地挂在接线开关处的宽敞安全地点，不得卷成麻花形。

第 10 条　电机和变电设备的硐室：

（1）井下变电所和水泵房硐室的地点至少要高出入口对面井底车场轨面 0.5 m 以上。

（2）变电所硐室的长度超过 10 m 时，要在硐室两端各设一个出口，任何硐室通道，禁止堆放任何材料和设备。

（3）硐室的通风要良好，硐室内的温度不得高于临近巷道的温度 10 ℃以上，并解决室内滴水现象。

（4）变电所内必须具有电工用的橡胶绝缘手套、橡胶绝缘鞋、橡胶绝缘垫和台，上述保护用品必须按规定定期试验。

第 11 条　井下禁止使用变电器中性点接地的网络，禁止电气设备接零。禁止由地面上中性点接地的变压器和发电机向井下供电。

第 12 条　井下变压所的每个低压母线上要装设检漏指示器。

第 13 条　由总降压站至井口用架空线路送电时,井下中央变电所一次侧线母线上均需按设避雷器,引至井下中央变电所的电源电缆,在通井口由架空线引下处需接避雷器。

第 14 条　电气设备的金属部分必须按下列规定做好接地保护:

(1) 发电机、电动机、变压器、断路开关设备的金属外壳及机座。

(2) 配电盘(柜、箱)的金属外壳及构架。

(3) 电缆头、电缆外皮及导线的金属保护层。

(4) 开关设备的联动操作机构。

(5) 仪表变压器、变流器的二次线圈。

(6) 没有电气设备及导线的巷道的管道及钢轨。

第 15 条　接地装置必须符合下列要求:

(1) 设在井底水窝和水仓中的总接地器必须接地良好。

(2) 巷道水沟的接地器按设在排水沟深处。当巷道中无排水沟和排水沟无水时,接地器必须垂直插入潮湿的或经常浇水的钻孔中(孔与管等长)。

(3) 将带螺丝的端子焊在接地器上,以便连接地引线。

(4) 接地引线与接地器的连接处必须擦亮后用螺丝牢固夹紧。

(5) 接地电阻要符合规定。

第 16 条　电器和机电设备的接地必须符合下列要求:

(1) 固定的电机、变压器及器械外壳的接地,必须牢固可靠。

(2) 所有接地部分必须有单独接地引线,两台以上设备共用一个接地装置,其接地线应并联,禁止串联。

(3) 接地引线及其连接处,必须设在便于检查和试验的地方。

(4) 移动和携带的机器、器械的接地必须用橡胶电缆的专用接地芯线,要连接到总的或局部接地网上。

第 17 条　为了保证电气设备的安全运行,必须按下列规定确定保护装置。

(1) 鼠笼型电动机的绝缘电阻低于 0.33 MΩ 时,不准送电运行,直接启动的鼠笼型电动机,熔断保险丝应为该电机额定电流的 1.5 倍。

(2) 电压在 250 V 以上,电流在 100 A 以上时,应使用管型保险器。

(3) 配电箱及其他自动开关设备的过流保护装置,其动作电流超出该电动机连续工作电流的 20% 时,即可切断电源,如装有闸刀开关,其保险丝的额定熔断电流应等于过流保护装置的额定电流。

(4) 变压器一次测保险丝的额定电流应等于变压器一次测额定电流的 2 倍,二次保险丝的额定电流应等于变压器二次测额定电流的 110%。

(5) 直流发电机组过电流继电器的整流不得超过发电机额定电流的 120%,并有电压表和电流表。

第 18 条　为了提高井下电力设备的完好率,必须实行定期检查制度。

(1) 每月由负责机电的人员组织对电机、器械和变压器检查一次,接地装置每季度检查一次,并测定其接地电阻。

(2)使用的变压器油,应定期进行介质强度试验和物理化学性能分析试验。

第19条 井下照明和通信:

(1)井下运输巷道,井下车场、安全出口、竖斜井和天井的人行道,各井巷掘进工作面、各工作硐室和采矿场,装卸平台和装车场等均必须接设电器照明。

(2)井下照明供电线路,必须单独安设,不得与电力供应线路混合使用。

(3)照明线路必须用胶皮线,要用瓷瓶固定,整齐地挂在巷道顶板中间,并成一条直线。灯泡、线路损坏的应及时更换。

(4)井底车场(信号房)、各中段车场必须设电话。

井下机械维修工安全操作规程

第1条 井下机械维修工必须经过培训,考试合格,取得资格证书后持证上岗。

第2条 熟知《煤矿安全规程》、《煤矿矿井机电设备完好标准》、《煤矿安装工程质量检验评定标准》(MT 5010—95)及有关规定和要求,并了解周围环境及相关设备的关系。

第3条 熟悉所维修设备的结构、性能、技术特征、工作原理,具备一定的钳工基本操作及液压基础知识,能独立工作。

第4条 上班前严禁喝酒,工作时精神集中,上班时不得做与本职工作无关的事情,遵守有关规章制度。

第5条 所用维修工具、起吊设施、绳索等应符合安全要求。

第6条 吊挂支撑物应牢固,在吊、运物件过程中,应随时注意检查顶板支护安全情况,检查周围应无其他不安全因素,禁止在不安全的情况下工作。

第7条 在距检修地点20 m内风流中瓦斯浓度达到1%时,严禁送电试车;达到1.5%时,必须停止作业,并切断电源,撤出人员。

第8条 在斜巷进行维修作业时,上停车场各出口处应设警示标志。

第9条 在倾角大于15°的地点检修和维修时,下方不得有人同时作业。如因特殊需要平行作业时,应制定严密的安全防护措施。

第10条 井下机械维修工在进行检修工作时,不得少于2人,在维修时应与其他工作岗位配合好。

第11条 需要在井下进行电、气焊作业时,必须按《煤矿安全规程》中的有关条款执行。

第12条 下井前,要由井下机械维修工作负责人向有关人员讲清工作内容、步骤、人员分工和安全注意事项。

第13条 井下机械维修工要根据当日工作的需要认真检查所带工具是否齐全、完好,材料备件是否充足,是否与所检修和维修设备需要的材料备件型号相符。

第14条 对所维修的设备,井下电工要停电、闭锁并挂"有人工作,严禁送电"停电牌,并与相关设备的工作人员联系,必要时需对相关设备停电、闭锁并挂停电牌。

第15条 井下机械维修工进入现场后,要与所维修设备及相关设备的司机联系。

第16条 清理所维修设备的现场,应无妨碍工作的杂物。

第17条　井下机械维修工对所负责的设备维护检查时应注意：

（1）检查各部位坚固件应齐全、坚固。

（2）润滑系统中的油嘴、油路应畅通，接头及密封处不漏油，油质、油量应符合规定。

（3）转动部位的防护罩或防护栏应齐全、可靠。

（4）机械（或液压）安全保护装置应可靠。

（5）各焊件应无变形、开焊和裂纹。

（6）机械传动系统中的齿轮、链轮、链条、刮板、托辊、钢丝绳等部件磨损（或变形）无超限，运转正常。

（7）减速箱，轴承温升正常。

（8）液压系统中的连接件、油管、液压阀、千斤顶等应无渗漏、无缺损、无变形。

（9）相关设备的搭接关系应合适，附属设备应齐全完好。

（10）液力耦合器的液质、液量、易熔塞、防爆片应符合规定。

（11）输送带接头可靠并符合要求，无撕裂、扯边。

（12）各项保护应齐全可靠，倾斜井巷中使用的带式输送机应检查防逆转装置和制动装置。

（13）发现问题应及时处理，或及时向当班领导汇报。

第18条　在打开机盖、油箱进行拆检、换件或换油等检修工作时，必须注意遮盖好，严防落入煤矸、粉尘、淋水或其他异物等。注意保护设备的防爆结合面，以免受损伤。注意保护好拆下的零部件，应放在清洁安全的地方，防止损坏、丢失或落入机器内。

第19条　处理刮板输送机漂链时，应停止本机。调整中部槽平直度时，严禁用脚蹬、手搬或用撬棍别正在运行中的刮板链。

第20条　进行缩短、延长中部槽作业时，链头应固定，应采用卡链器，并在机尾处装保护罩。

第21条　处理机头或机尾故障、紧链、接链后，启动试车前，人员必须离开机头、机尾，严禁在机头、机尾上部伸头察看。

第22条　处理输送带跑偏时，应停机调整上、下托辊的前后位置或调整中间架的悬挂位置，严禁用手脚直接拽蹬运行中的输送带。

第23条　检修输送带时，工作人员严禁站在机头、尾架传动滚筒及输送带等运转部位的上方工作；如因处理事故必须站在上述部位工作时，要派专人停机、停电、闭锁、挂停电牌后方可作业。

第24条　在更换输送带和做输送带接头等工作时，应在距离转动部位5 m以外作业；如确需点动开车并拉动输送带时，严禁站在转动部位上方和在任何部位直接用手拉或用脚蹬踩输送带。

第25条　试机前必须通知周围相关人员，通知完后方可送电试运行。

第26条　检修结束后，认真清理检修现场。检查清点工具及剩余材料、备品配件，特别是运转部位不得有异物。

第27条　井下机械维修工应对维修部位进行检查验收，并就检修部位、内容、结果及遗留问题做好检修记录。

煤矿用挖掘式装载机司机安全操作规程

1. 上机前的准备工作

第 1 条 对操作司机进行培训,司机在上机前必须熟读本说明书,了解本机的结构、性能和工作原理,熟悉本机的操作方法和维护保养技术,背熟按钮箱各按钮的功能和位置,背熟操纵杆位置功能示意图,经考核合格后方可上机。

第 2 条 检查油位,正常的油位应在油标的上、下限之间,如果油量不足,应及时加油补充。液压油和容器必须保持清洁。

第 3 条 检查各处销轴、紧固件、电气元件、电线电缆、液压元件、液压管路是否正常,如有异常应及时修复。

第 4 条 确认各操作手柄置于中位。

2. 操作方法

第 5 条 打开电源总开关。线路连接及设置在矿用隔爆型真空电磁启动器内,线路连接及设置完成后进行检查。

第 6 条 启动电机。按下"启动"(绿色)按钮,开始操作;按下"停止"(红色)按钮,停止操作。

第 7 条 待 10 s 启动完成后才能带压力使用。停机 4 h 以上要让泵空运转 5~10 min,才能带压力工作。

第 8 条 将运输槽铲板降至地面。

第 9 条 操纵机器向前推进,将石料聚拢,同时将地面推平。

第 10 条 确认转载车辆进入本机的卸载部位后将手柄扳至输送正转。

第 11 条 操纵先导阀依次让大臂抬起、小臂伸出、把铲斗放至与小臂约成一条直线的位置,然后将大臂放下、小臂收回(同时使大臂上下微动),即可将石料扒进运输槽。转动回转臂可以在较大的范围内扒取,根据石料的远近适当收放铲斗将有利于扒取。在扒取过程中一般不应将各臂运动到极限位置,以避免经常过渡冲击,缩短机器的使用寿命。同时可避免因过载阀经常溢流而产生油温过高的现象。特别要注意不准使铲斗直接撞击运输槽,否则将造成槽体严重变形。

第 12 条 在扒取过程中要经常留心刮板链是否正常输送,万一卡住,要及时停止输送,否则因过载,油温将迅速升高,则不能继续工作。解除卡链的方法是:把输送正转操纵杆扳至中位,来回扳动输送操纵杆,使刮板链快速正反冲击,即可解除卡链。在运输槽内有石料的情况下切不可使输送操纵杆停在输送反转的位置,否则有可能崩断链条或刮板,严重影响生产。

第 13 条 在行走过程中需要停止刹车时,将脚踏先导阀放在中位即可。如果长时间停止,需要将机头铲板压住地面。

第 14 条 装载机行走或倒车应启动电铃作为警示信号。大臂、小臂、铲斗和回转油缸的运动是双向的。必须有足够的液压油控制油缸在两个方向上运动(通过激励油缸活塞的相应控制阀)。液压油推动活塞朝运动方向移动。当液压流量停止时,活塞杆停止运动。如果压力油进入另一端,油缸将向相反方向运动。

钻车司机安全操作规程

第 1 条　钻车司机必须经过培训,考试合格,取得资格证书后持证上岗。

第 2 条　钻车司机必须掌握钻车使用说明书的内容,会使用钻车,应了解钻车的结构原理及液压、电气、压气、水路等系统。

第 3 条　实习司机不能单独操作钻车,须有专人指导和在监护下操作;实习期满,考试合格后方能上岗操作。

第 4 条　钻车司机应爱护设备,按规定对钻车进行日常维护保养,并能排除一般的故障。

第 5 条　钻车司机应严格执行交接班制度和岗位责任制。

第 6 条　钻车司机应与班组长、安检员共同检查工作面顶板与支护等安全情况,无隐患后方准开车作业。

第 7 条　检查钻车主要零、部件是否齐全完好,各部位紧固螺栓是否牢固,发现问题必须及时处理。

第 8 条　检查钻车各操作手柄是否齐全、灵活可靠、是否零位,其中包括行走阀手柄、转钎阀手柄、冲击阀手柄、七联阀手柄、逐步打眼阀手柄等。

第 9 条　检查液压油管、压气胶管、水管及各管接头连接处是否牢固、无泄漏,各部位油位是否正常,主要包括:

(1)液压油油箱油位。

(2)空气压缩机润滑油油箱油位。

(3)水泵润滑油油位。

(4)凿岩机润滑油油雾器油位。

(5)行走齿轮减速箱润滑油油位。

(6)油浴制动器润滑油油位。

第 10 条　观察隔爆电动机驱动的空气压缩机,主、辅油泵的三角胶带及弹性橡胶联轴器的松紧度及牢固性。

第 11 条　检查推进钢丝绳的松紧度及有无断丝。

第 12 条　检查推进器上下导轨的润滑情况,滑块与推进器导轨的配合情况。

第 13 条　检查钎具:

(1)钎头的磨损情况及有无掉齿。

(2)连接套连接钎杆及钎尾是否牢固、顶紧。

(3)钎杆是否断裂及弯曲。

第 14 条　检查履带板与链轨节的固定螺栓紧固情况,前导轮、支重轮及驱动轮完好情况,履带张紧油缸状况及履带的松紧度。

第 15 条　检查照明灯是否明亮。

第 16 条　检查电缆线是否损伤漏电,水管是否破裂漏水。

第 17 条　按启动按钮开动钻车,观察主油泵、辅油泵、空气压缩机及水泵运转状态以及液压、压气及水路系统,发现问题必须停机处理。

第18条　钻车行走应遵循以下规定:

(1)凿岩机及推进器均退回到最后位置,收拢两钻臂并使其水平对称地置于钻车中心两侧。

(2)收拢两支腿到最小位置。

(3)停水,拆去水管。

(4)将逐步打眼阀及转钎手柄置于零位。

(5)操作行走阀使钻车前进、后退及转弯。

(6)钻车行走时,操作司机应观察电缆线,并有专人牵引及监护。

(7)钻车行走前方巷道底板基本平整,并在无人员和杂物时方能驱车行走。

第19条　钻车凿岩应遵循以下规定:

(1)钻车应停在其推进器最前端距掘进工作面600 mm左右的位置,并处在巷道跨度的中间。

(2)操作支腿阀手柄,钻车两个支腿释放,支撑底板,将钻车平衡固定。

(3)操作七联阀有关手柄,找好炮眼位置。

(4)操作七联阀中补偿手柄,将推进器顶在掘进工作面上,固定好推进器。

(5)打开水泵开关。

(6)打开补油节门及供水节门。

(7)操作钎杆使钎头触及矸面。

(8)操作转钎阀手柄,使钎头旋转。

(9)操作逐步打眼阀手柄,先慢打轻打,待钎头进入按层定位后将阀柄推到底,强力冲击。

(10)凿岩作业时,钻车司机必须注意观察动力站及推进系统的运转情况,发现异常立即停车。

(11)凿岩过程中发现冲击高压油管有较强颤动时,蓄能器压力不足,应立即充氮气。

(12)发现卡钎现象时,严禁摆动钻臂、推进器或用补偿油缸退回钎具。

(13)在正常凿岩作业中,不准调整液压、压气及水路的压力。

(14)在找炮眼位置过程中,严禁两个推进器相互碰撞。在钻凿顶眼、底眼及帮眼时,推进器及凿岩机与巷道四周应保持一定距离,避免与顶、帮相撞或挤压高压胶管。严禁两个以上动作同时操作。

(15)钻臂应在正反180°范围内回转,避免拉断高压胶管。

(16)一次推进到位后,凿岩动作自动停止,凿岩机及推进器应立即退回,移动钻臂,对准下一个炮眼位置继续钻眼。

(17)凿岩作业中,严禁钻钎反转,防止钎具脱落发生意外。

(18)凿岩过程中应注意观察回油滤清器压力表,发现高压滤清器指示器堵塞时,应及时更换滤清器滤芯。

(19)发现不排岩粉或排岩粉不顺利,以及停水或水管损坏时,要立即停机检查和处理。严禁干打眼。

（20）凿岩过程中，在钻臂及推进器下不许有人，并严禁检修钻车。

（21）钻凿锚杆眼时，应调整推进器与岩面垂直凿眼。

（22）钻凿锚杆眼及顶板中部眼和两侧帮水平眼时应单臂作业，防止两钻臂碰撞。

（23）为满足锚杆眼垂直于巷道轮廓线的要求，在打完一排锚杆眼之后应前移钻车再打另一排。

第 20 条　凿岩工作全部完成后，应立即退回凿岩机及推进器，收拢两钻臂及两支腿，将所有阀手柄置于零位，停止供水，卸掉水管。

第 21 条　将钻车退出掘进工作面，停放在安全地点，距工作面不得大于 30 m，并切断电源停止供电。

第 22 条　用清水清洗推进器及钻臂上的岩粉及污物，进行维护保养，使钻车处于完好状态，为下一个循环作业做好准备。

第 23 条　按要求向各注油点注油，并将推进器上下导轨涂黄油。

第 24 条　钻车上井后应注意做好下列工作：

（1）冷却器及水泵内的水必须排放干净，并向水泵柱塞及配流阀内注机油防止锈蚀。

（2）油缸电镀活塞杆外露部分应涂黄油贴纸，防止碰伤和锈蚀。

（3）两条履带要用木块垫起，离开地面。

（4）推进器上下滑道应涂黄油防锈。

（5）钻车应存放在仓库内，露天存放时应用苫布盖好，以防止日晒雨淋，胶管老化。

第三节　地面辅助、机修厂机电运输岗位工操作规程

车工安全操作规程

第 1 条　车工必须经过培训，考试合格，取得资格证书后持证上岗。禁止戴围巾、手套，高速切削时要戴好防护眼镜。

第 2 条　装卸卡盘及大的工、夹具时，床面要垫木板，不准开车装卸卡盘，装卸工件后，应立即取下扳手，禁止用手刹车。

第 3 条　床头、小刀架、床面不得放置工、量具或其他东西。

第 4 条　装卸工件要牢固，夹紧时可用接长套筒，禁止用榔头敲打，滑丝的卡爪不准使用。

第 5 条　加工细长工件要用顶针，跟刀架。车头前面伸出部分不得超过直径 20～25 倍，车头后面伸出超过 300 mm 时，必须加托架，必要时装设防护栏杆。

第 6 条　用锉刀光工件时，应右手在前，左手在后，身体离开卡盘，禁止用砂布裹在工件上砂光，应比照用锉刀的方法，成直条状压在工件上。

第 7 条　车内孔时，不准用锉刀倒角，用砂布光内孔时，不准将手指或手臂伸进去打磨。

第 8 条　加工偏心工件时，必须加平衡铁，并要紧固牢靠，刹车不要过猛。

第 9 条　攻丝或套丝必须用专用工具，不准一手扶攻丝架（或扳手架）一手开车。

第 10 条　切大料时,应留有足够余量,卸下砸断,以免切断时掉下伤人,小料切断时不准用手接。

铁工安全操作规程

第 1 条　铁工必须经过培训,考试合格,取得资格证书后持证上岗。

第 2 条　开炉前必须清除炉坑周围障碍物,5 m 之内不准有易燃易爆物品。工作场地及炉底不得有水。人员在工作前必须穿戴好有关防护用品。

第 3 条　检查开炉所用工具、设备是否齐全完好,炉底板是否牢固、灵活,前后炉门和前炉盖是否填塞妥当。

第 4 条　启动鼓风机之前,先打开全部风口,鼓风机启动 10~15 s 后方可关闭风口盖。

第 5 条　应保持风口畅通。在捅风眼过程中,人员要避开火焰喷出方向,铁条向外抽出时注意后面是否有人,以防止造成烧伤事故。观察及清理风眼时,应戴好防护眼镜。

第 6 条　在熔化过程中,如果发现炉壳变红,应立即停炉。在个别情况下,当炉壳烧红的面积不太大(直径不大于 100 mm)而又必须继续开炉时,可以用潮黏土、湿破布或用压缩空气吹风等方法从外面使变红的炉壳冷却,禁止喷水冷却。

第 7 条　风眼盖上的观察玻璃损坏后,应及时更换。风眼盖必须与炉体配合紧密,如有损坏要及时更换。

第 8 条　吊炉盖时,必须挂牢,人员离开后再起吊。

第 9 条　熔炼过程中如遇故障,铁工必须及时通知其他有关操作人员,协同排除故障。

铆工安全操作规程

第 1 条　铆工必须经过培训,考试合格,取得资格证书后持证上岗。

第 2 条　铆工应熟悉所使用的铆钉工具以及划线下料、弯曲成形、焊割、剪冲、钻孔、打磨等设备工具的构造、性能和操作方法。

第 3 条　工作前必须穿戴好个人劳保防护用品。

第 4 条　工作时,精神要集中,集体作业应设专人负责安全。使用各种机具前应检查,必须符合安全要求。

第 5 条　仰铆作业前,应戴好防护眼镜,扎紧袖口,扣好领扣。头部要避开铆钉正下方。

第 6 条　必须待窝头接触铆钉后才可使用铆钉工具,开始铆钉不宜过猛。

第 7 条　钉烧芯温度低、不准铆。需要钉退出时,必须经顶钉人允许,才可以轻轻敲击。

第 8 条　顶铆时应遵守:

(1) 顶把时应站稳、二人协同扶把要步调一致。

(2) 使用顶把时,顶好后手要离开顶把行程以外。

(3) 要先停铆,后停顶。钉未铆完不得松开顶把。

第 9 条　烧钉时应遵守：

(1) 钉要烧透,扔钉前应先磕一下,去掉氧化皮再扔。

(2) 有障碍物和接钉人没表示要钉时,不得扔钉。

(3) 扔钉时,要看准目标,不得过低、过高,也不得对接钉人正面扔。

(4) 扔钉距离不得超出 10 m。

第 10 条　接钉人应遵守：

(1) 需要铆钉时,应做好接钉准备,用规定信号表示要钉。

(2) 接钉时,应手持铁斗,臂伸出,随来钉方向顺势接取。

(3) 不合格的钉需返回炉时,要先和烧钉人联系好再往回扔。

(4) 赤热红钉不得随地乱扔。

(5) 由下往上穿钉时,要先顶好后再松火钳。

第 11 条　冲子必须安装金属把柄,冲出方向确认无人后再投钉。

第 12 条　局部照明灯应用 36 V 以下安全电压。

第 13 条　工作完应将工具清理好,工件整理放好,火源彻底熄灭后,才能离开工作场地。

锻工安全操作规程

第 1 条　锻工必须经过培训,考试合格,取得资格证书后持证上岗。

第 2 条　锻造前带班者应检查人员配合。防护用品必须齐全、合理。

第 3 条　每个班组应有专人管理工具。工作前应将工具准备齐全,仔细检查,适当烘烤,放置整齐,绝不允许凑合使用。

第 4 条　不准用钳子直接在钻子上取工具。用钳子取工具事先通知司机。

第 5 条　不适当的焊接钳子、剁刀、有弯曲的剁刀、冲子等工具严禁使用,禁止用带木柄的工具。

第 6 条　切料时要检查切刀是否合适,切刀放的是否平正,否则不准锤击。司机注意首锤要轻,重锤打下去要注意行人,以防飞料伤人,掌钳子的人要避开料头顶回的方向。

第 7 条　切刀高度不够时,正面应放剁刀,不准再放切刀。

第 8 条　应根据铸件的大小和形状,选择适当的钳子,钳爪不合适时,可烧红修整,不能凑合使用。

第 9 条　钳杆、铆钉、钳抓有裂纹的钳子,不准使用。操作中必须紧握钳子,钳尾不准对着腹部,手指不应放入钳杆间,人掌钳时,人应站在钳子的两侧,如发现钳爪松动,应停锤夹紧再进行锤击,不准边紧边锤,以防挑伤。

第 10 条　如在锻造中发现钳子的温度过高,可适当浸水冷却,但不能淬硬,以防打断。

第 11 条　锻造前应将锻件先行压平,然后根据需要给予适当的锤击力。

第 12 条　锻造中带班者对轻打、重打、停锤、开锤等指挥,必须做到手势清楚,声音响亮,严禁没有口令即将锻件拉出钻子,以免空击。锻造中,司机听到任何人的停锤口令时都应停锤。

第 13 条　用撬杠撬料时,撬杠必须放于身侧,以免挑伤上弯,应及时翻转。

第 14 条　应根据锻件的大小,选合适摔子,把摔子时要防止夹伤手指,砧子表面不平时就防止打破掉子。

第 15 条　砧锤板经常紧固,上下锤板不准用手指直接握住敲打,锤板快投出时,对面严禁站人,锤板不准露出锤头太长,汽锤不得长于 40 mm,空气锤不能长出锤体。

第 16 条　工作结束,切断设备电源,熄灭火炉,清理卫生。

铣刨工安全操作规程

第 1 条　铣刨工必须经过培训,考试合格,取得资格证书后持证上岗。

第 2 条　工作前正确穿戴好劳动保护用品,衣扣扣好,袖口要扎紧,长发不出帽,操作时严禁戴手套。

第 3 条　开车前检查机床的保护罩是否完好、电气设备是否正常、润滑冷却是否良好、是否按规定加油。生产前先试开,运转正常后方可投入生产。

第 4 条　工件要夹紧,每次开车前要检查。

第 5 条　机床工作时,严禁别人站在工作方正面,以免铁屑和工件意外伤人,操作人员严禁离开车床。

第 6 条　运转中严禁变速,必须停稳后方可进行。

第 7 条　检查车床、工件运行情况时必须停车。

第 8 条　清除碎屑必须停车,严禁用手直接清除,严禁用嘴吹。

第 9 条　导轨上严禁附有各种碎屑、污垢、工具物件。

第 10 条　所有电器必须清洁、完好、无漏电、无故障,如有故障,必须由电工修理,严禁擅自修理。

第 11 条　运转中严禁隔着机床传递物件,精神要集中。

第 12 条　加工大件,需要人抬或用天车吊时,必须平稳、缓慢,切勿碰击床体,必要时加保护物,并注意脚下打滑。

第 13 条　严格控制机车刀头的加工范围,不允许超负荷,未经领导同意,禁止他人启动机床。

第 14 条　发现运转不正常或有异响,应立即停车,切断电源之后方可检查。

第 15 条　工作完毕,应切断电源,变速手柄放置空挡,清扫床身。

电焊工、氧焊工安全操作规程

第 1 条　电焊工、氧焊工必须经过培训,考试合格,取得资格证书后持证上岗。工作前应穿戴好防护用品,认真检查电、气焊设备和机具的安全可靠性,对受压容器,密闭容器、管道进行操作时,要事先检查,将有毒、有害、易燃、易爆物冲洗干净。在容器内焊割要二人轮换,一人在外监护。

第 2 条　焊接场地禁止存放易燃易爆物品,按规定备有消防器材,保证足够的照明和良好的通风。

第 3 条　电焊机外壳应有效接地,接地或接零及工作回线不准搭在易燃易爆物品上,也不准接在管道和机床设备上。工作回线、电源开关应绝缘良好,把手、焊钳的绝缘要牢固,电焊机要专人保管、维修,不用时切断电源,将导线盘放整齐,安放在干燥地带,决不能露天放置和淋雨,防止温升、受潮。

第4条　氧气瓶和乙炔瓶应有妥善的堆放地点,周围不准明火作业、有火苗和吸烟,更不能让电焊导线或其带电导线在气瓶上通过。要避免频繁移动。禁止易燃气体与助燃气体混放,不可与铜、银、汞及其制品接触。使用中严禁用尽瓶中剩余气,压力要留有残余余气。

第5条　每个氧气和乙炔减压器上只允许接一把割具,焊割前应检查瓶阀及管路接头处液管有无漏气,焊嘴和割嘴是否堵塞,气路是否畅通,一切正常才能点火操作。点燃焊割具应先开适量乙炔后开少量氧气,用专用打火机点燃,禁止烟蒂点火,防止烧伤。

第6条　每个回火防止器只允许接一个焊具或割具,在焊割过程中遇到回火应立即关闭焊割具上的乙炔调节阀门,再关氧气调节阀门,稍后打开氧气阀吹掉余温。

第7条　严禁同时开启氧气和乙炔阀门,或用手及物体堵塞焊割嘴,防止氧气倒流入乙炔发生器内从而发生爆炸事故。

第8条　工作后严格检查和清除一切火种,关闭所有气瓶阀门,切断电源。

天车司机安全操作规程

第1条　天车司机必须经过培训,考试合格,取得资格证书后持证上岗。

第2条　实行专人专机制度,非司机不准操作。

第3条　必须熟悉天车的构造、性能,懂得电气设备的基本知识,掌握捆绑和吊挂知识及指挥信号,熟悉维护保养知识。

第4条　检查起重轨道上有无障碍物,轨端止挡器是否牢固,行程开关头是否可靠。

第5条　各传动部分、减速箱油量是否充足,各部位螺栓是否紧固。松开夹轨钳试运转,检查传动部分有无异响及制闸瓦的松紧程度。

第6条　在总闸闭合后,用试电笔检查电器及控制器外壳,确认安全后方可上机。

第7条　检查钢丝绳的磨损情况。

第8条　检查调速手柄是否均在"零"位或控制按钮是否处于断开位置。

第9条　了解电源供电情况,查看电压是否正常、三相电流是否平衡。

第10条　工作开始前,应进行一次全面检查,确认各部位机件完全正常时方可操作。

第11条　必须严格掌握起重机规定的起重重量,详细了解吊物,不得超载作业。

第12条　天车司机与信号指挥人员要密切配合,信号清楚后方可开始操作。各机构动作前先按电铃,发现信号不清要停止操作。在有多人工作的情况下,司机应服从专人指挥。在起吊和运行过程中,任何人发出紧急停车信号时,司机均应立即执行。

第13条　对各机构进行空车试运转,仔细检查各安全连锁开关及各限位开关工作的灵敏可靠性。

第14条　对提升机构制动器工作的可靠性应做试吊检查工作,即吊额定负载,离地0.5 m,检验制动器的可靠性,不合格应及时调整制动器,严禁"带病"工作。

第15条　天车空载移动时,必须将钩头提起离地面3 m以上,有障碍物时,钩头应至少超过障碍物 0.5 m 以上。

第 16 条　吊运需捆绑重物,必须使用钢丝绳捆绑,严禁超负荷吊运。吊运物体要挂好钩,有棱角的重物,在棱角处加衬垫。起吊前要进行试吊,离地 0.1～0.3 m,确认安全并且平衡后方可吊运。

第 17 条　钢丝绳不合格、捆绑不牢固或吊钩不平衡以及被吊物上有人或浮置物时,不得起吊。

第 18 条　严禁吊运货物在工作人员上方工作或停留,应使吊物沿着吊运安全通道移动。

第 19 条　翻转吊载时,挂钩人员必须站在翻转方向的反侧,确认翻转方向处无其他作业人员时再动作。

第 20 条　严禁任何人员乘坐或利用起重机升降。

第 21 条　在任何情况下,严禁用人体重量来平衡被吊运的重物。人不得站在重物下方,只能在重物侧面作业。严禁用手直接校正已被重物张紧的吊绳、吊具。

第 22 条　被吊体的活动部件必须可靠固定。

第 23 条　严禁起吊不明重量的物件或埋在地下的物件。

第 24 条　无论大车或小车,必须以慢速逐渐靠近端部,绝不允许靠碰挡架来达到停车的目的。

第 25 条　操纵控制器要从零位开始逐级操作,严禁越挡操作。

第 26 条　不论哪一部分在运转中变换,严禁打倒车运行。

第 27 条　起重机行走时,禁止开到距端部 2 m 以内的地方。

第 28 条　起重机升降重物时,起重臂不得进行变幅操作,必须空载进行。变幅时也不能与其他三种动作(行走、旋转、起升)中任何一种动作同时进行。

第 29 条　工作中不允许任何人上下扶梯,严禁在工作中进行维护。

第 30 条　工作中、休息或下班时,不得将起重物处于空中悬挂状态。

第 31 条　夜班作业,必须备有充足照明,指挥人员与司机应使用明显的旗语信号。

第 32 条　工作完毕,必须将所有操作手柄扳回零位,切断总电源。小车停放在司机室一侧,吊具要升至 3 m 位置。

第 33 条　拆除并清点起吊用的所有工具、器具和设备等。

第 34 条　将驾驶门窗关好,锁好方可离开。

第 35 条　电气失火时,禁止用水扑救,应用四氯化碳灭火器或其他不导电物补救。

灯工安全操作规程

第 1 条　灯工必须经过培训,考试合格,取得资格证书后持证上岗。

第 2 条　矿灯应集中统一管理,每盏矿灯编号,经常使用矿灯人员,必须专人专灯。

第 3 条　矿灯应保持完好,出现电池漏液、亮度不够、电线破损、灯锁失效、灯头密封不严、灯头圈松动、玻璃破裂等情况时,严禁发放。发出的矿灯,最低应能连续正常使用 11 h。

第 4 条　严禁拆开、敲打、撞击矿灯,人员出井后,地面领用矿灯人员下班后必须立即将矿灯交还灯房。

第 5 条　在每天换班 2 h 内,灯房人员必须把没有还灯人员的名单报告给上级领导。

第 6 条　灯工随时随地保持矿房的清洁卫生。充灯架保持干净,矿灯电液流出时必须用潮毛巾刷干净。每次充灯前必须用清水把矿灯的残泥清洗干净。

压风机司机安全操作规程

1. 一般规程

第 1 条　压风机司机必须经过培训,考试合格取得合格证书后持证上岗。

第 2 条　压风机司机应熟悉所操作压风机的结构、性能、工作原理、技术特征,能独立操作。

第 3 条　实习司机操作应经主管部门批准,并指定专人指导监护。

第 4 条　压风机司机必须严格执行交接班制度和岗位责任制。司机接班前不准喝酒,接班后遵守劳动纪律,不得睡觉、打闹。

2. 操作前准备工作

第 5 条　开车前的检查:

(1) 检查各部件及润滑情况是否良好。

(2) 各个零部件的连接是否松动,润滑油位是否在正常位置。

(3) 检查靠背轮间隙是否适宜,盘根是否填好。

第 6 条　启动和停机:

(1) 先检查高压盘,再送高压。检查压风机附近的情况。

(2) 按下启动按钮,机组开始运行,观察仪表及指示灯是否正常,如有异常,立即按下"紧急停机按钮",停机检修。

(3) 压缩机负载运行 30 min 后,检查油位,此时油位应在 F10～＋40。

(4) 利用排气口处阀门,调整压力控制器,使其调整到所需压力。

(5) 观察风包上的压力表指示,达到所需压力时,打开输送阀门,向工作面正常供压风。

(6) 如果有异常情况或者不需要压风时,先关闭大阀门。

(7) 按下停止按钮,机组经延时后停机。

(8) 压风机停机后,打开风包上的卸载阀门,将风包内的残余压风排出,方便下次启动时机组能空载启动。

地面配电工安全操作规程

第 1 条　地面配电工必须经过培训,考试合格,取得资格证书后持证上岗。

第 2 条　操作高压电气开关时均应戴绝缘手套,穿绝缘胶鞋,站在绝缘台上。

第 3 条　停电拉闸操作顺序先关断油开关,后拉开负荷侧刀闸,再拉母线侧刀闸。送电操作:先合上母线侧刀闸,后合上负荷侧刀闸,最后合上油开关。每操作一道工序都要看设备是否到位,否则重新操作。

第 4 条　变电所内未使用的开关柜,应上锁、挂牌,悬挂"有人工作,禁止合闸"警告牌。

第5条 在全部停电或部分停电的电气设备上进行检修时必须停电、验电、放电、装设接地线,悬挂标示牌和装设遮拦。

第6条 值班人员应严格监视所有设备的运行状况,正确无误地做好用电负荷记录,遇大风雪、暴风雨等恶劣天气时,应加强对设备的安全巡视。

第7条 变电所馈出线要求停送电,要有停电申请或负责管电的人来联系,填写工作票。要求恢复送电,必须是联系电人来联系。值班电工做好记录,方可送电。